ITQ
Hangul 2020

KB133680

목차 Hangul 2020

ITQ Hangul 2020

01 예제파일 다운로드 안내

01 교학사 홈페이지에 접속하여 [자료실]을 클릭합니다. 이 교재는 크롬 브라우저를 이용한 방법을 설명합니다.

02 [출판] 탭을 클릭하여 [단행본]에서 'ITQ 한글 2020'를 입력하고 [검색]을 클릭합니다.

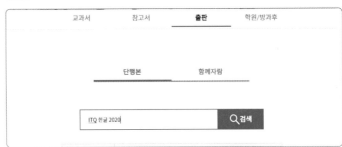

03 검색 결과를 나타나면 해당 교재의 예제파일을 클릭합니다.

04 [다운로드]를 클릭하여 예제파일을 다운로드합니다.

→ 크롬 브라우저에서 다운로드 받은 파일은 [내 PC]-[다운로드] 폴더에 자동으로 저장됩니다.

05 [다운로드] 폴더에 다운로드 받은 예제파일이 저장되어 있습니다. 압축파일이므로 압축을 풀어야 사용 가능합니다. 압축파일을 바탕화면으로 드래그하여 이동한 후 압축 프로그램을 이용하여 파일 압축을 풀어줍니다.

→ 압축파일을 풀기 전에 먼저, 압축 프로그램을 설치해야 합니다. 압축 프로그램은 포털 사이트(다음 또는 네이버)에서 '압축 프로그램'으로 검색한 후, 설치할 수 있습니다.

02 ITQ 한글 시험안내

→ ITQ 시험 과목

자격 종목	등급	시험S/W	공식 버전	시험 방식
아래한글	A/B/C등급	한컴오피스	한글 2020 / NEO 2016 병행	PBT
한셀				
한쇼				
MS워드		MS오피스	2016 버전	
한글엑셀				
한글엑세스				
한글파워포인트				
인터넷		내장 브라우저 IE8:0 이상		

※ 2022년 1월 정기시험부터 아래한글 과목은 2020과 NEO 2016 두 개의 버전에서 선택 응시가 가능

※ 동일 회차에 5개 과목 중 최대 3과목까지 응시 가능

※ PBT(Paper Based Testing) : 시험지를 통해 문제를 해결하는 시험 방식

→ 시험 배점, 문항 및 시험 시간

시험 배점	문항 및 시험 방법	시험 시간
과목당 500점	실무 작업형 실기 시험	과목당 60분

→ 응시료

1과목	2과목	3과목	인터넷 결제 수수료
20,000원	38,000원	54,000원	개인 : 1,000원(단체 : 없음)

→ 검정 기준

A등급	B등급	C등급
400점 ~ 500점	300점 ~ 399점	200점 ~ 299점

→ 등급 기준

등급	수준
A등급	주어진 과제의 80%~100%를 정확히 해결할 수 있는 능력
B등급	주어진 과제의 60%~79%를 정확히 해결할 수 있는 능력
C등급	주어진 과제의 40%~59%를 정확히 해결할 수 있는 능력

03 ITQ 한글 출제기준

검정과목	문항	배점	출제기준
아래한글 — MS 워드	1. 스타일	50점	※ 한글 / 영문 텍스트 작성 능력과 스타일 기능 능력을 평가 • 한글 / 영문 텍스트 작성 • 스타일 이름 / 문단 모양 / 글자 모양
	2. 표와 차트	100점	※ 표를 작성하고 이를 이용하여 간단한 차트를 작성할 수 있는 능력을 평가 • 표 내용 작성 / 정렬 / 셀 배경색 • 표 계산 기능 / 캡션 기능 / 차트 기능
	3. 수식 편집기	40점	※ 수식 편집기 사용 능력 평가 • 수식 편집기를 이용한 수식 작성
	4. 그림 / 그리기	110점	※ 다양한 기능을 통합한 문제로 도형, 그림 글맵시, 하이퍼링크 등 문서 작성 시의 응용 능력을 평가 • 도형 삽입 및 편집, 하이퍼링크 • 그림 / 글맵시(워드아트) 삽입 및 편집, 개체 배치 • 도형에 문자열 입력하기
	5. 문서작성 능력	200점	※ 다문서 작성을 위한 다양한 능력을 평가 • 문서작성 입력 및 편집(글자 모양 / 문단 모양), 한자 변환, 들여쓰기 • 책갈피, 덧말, 문단 첫 글자 장식, 문자표, 머리말, 쪽 번호, 각주 • 표 작성 및 편집, 그림 삽입 및 편집(자르기 등)

04 ITQ 한글 출제기준

제1회 정보기술자격(ITQ) 시험

과 목	코 드	문제유형	시험시간	수험번호	성 명
아래한글	1111	A	60분		

수험자 유의사항

- 수험자는 문제지를 받는 즉시 문제지와 **수험표상의 시험과목(프로그램)이 동일한지 반드시 확인**하여야 합니다.
- 파일명은 본인의 "수험번호−성명"으로 입력하여 답안폴더(내 PC\문서\ITQ)에 하나의 파일로 저장해야 하며, 답안문서 파일명이 "수험번호−성명"과 일치하지 않거나, 답안파일을 전송하지 않아 미제출로 처리될 경우 실격 처리합니다 (예 : 12345678−홍길동.hwp).
- 답안 작성을 마치면 파일을 저장하고, '답안 전송' 버튼을 선택하여 감독위원 PC로 답안을 전송하십시오. 수험생 정보와 저장한 파일명이 다를 경우 전송되지 않으므로 주의하시기 바랍니다.
- 답안 작성 중에도 **주기적으로 저장하고, '답안 전송'**하여야 문제 발생을 줄일 수 있습니다. 작업한 내용을 저장하지 않고 전송할 경우 이전에 저장된 내용이 전송되오니 이점 유의하시기 바랍니다.
- 답안문서는 지정된 경로 외의 다른 보조기억장치에 저장하는 경우, 지정된 시험 시간 외에 작성된 파일을 활용할 경우, 기타 통신수단(이메일, 메신저, 네트워크 등)을 이용하여 타인에게 전달 또는 외부 반출하는 경우는 부정 처리합니다.
- 시험 중 부주의 또는 고의로 시스템을 파손한 경우는 수험자가 변상해야 하며, 〈수험자 유의사항〉에 기재된 방법대로 이행하지 않아 생기는 불이익은 수험생 당사자의 책임임을 알려 드립니다.
- 문제의 조건은 한컴오피스 2020 버전으로 설정되어 있으니 유의하시기 바랍니다.
- 시험을 완료한 수험자는 답안파일이 전송되었는지 확인한 후 감독위원의 지시에 따라 문제지를 제출하고 퇴실합니다.

답안 작성요령

- **온라인 답안 작성 절차**

  수험자 등록 ⇒ 시험 시작 ⇒ 답안파일 저장 ⇒ 답안 전송 ⇒ 시험 종료

- **공통 부문**
  - 글꼴에 대한 기본설정은 함초롬바탕, 10포인트, 검정, 줄간격 160%, 양쪽정렬로 합니다.
  - 색상은 조건의 색을 적용하고 색의 구분이 안 될 경우에는 RGB 값을 적용하십시오(빨강 255, 0, 0 / 파랑 0, 0, 255 / 노랑 255, 255, 0).
  - 각 문항에 주어진 《조건》에 따라 작성하고 언급하지 않은 조건은 《출력형태》와 같이 작성합니다.
  - 용지여백은 왼쪽·오른쪽 11mm, 위쪽·아래쪽·머리말·꼬리말 10mm, 제본 0mm로 합니다.
  - 그림 삽입 문제의 경우 「내 PC\문서\ITQ\Picture」 폴더에서 지정된 파일을 선택하여 삽입하십시오.
  - 삽입한 그림은 반드시 문서에 포함하여 저장해야 합니다(미포함 시 감점 처리).
  - 각 항목은 지정된 페이지에 출력형태와 같이 정확히 작성하시기 바라며, 그렇지 않을 경우에 해당 항목은 0점 처리됩니다.
    - ※ 페이지구분 : 1 페이지 − 기능평가ㅣ(문제번호 표시 : 1, 2).
      - 2페이지 − 기능평가Ⅱ(문제번호 표시 : 3, 4),
      - 3페이지 − 문서작성 능력평가

- **기능평가**
  - 문제와 《조건》은 입력하지 않으며 문제번호와 답(《출력형태》)만 작성합니다.
  - 4번 문제는 묶기를 했을 경우 0점 처리됩니다.

- **문서작성 능력평가**
  - A4 용지(210mm×297mm) 1매 크기, 세로 서식 문서로 작성합니다.
  - ☐ 표시는 문서작성에 대한 지시사항이므로 작성하지 않습니다.

kpc The Insight KPC 한국생산성본부

시험 시작 전 반드시 읽어보고 불이익을 당하는 일이 없도록 하세요.

[주요 내용]

1. '수험번호−성명'으로 저장(답안 폴더: 내 PC\문서\ITQ)

2. 주기적으로 답안 저장하여 최종 답안을 저장하고, '답안 전송' 버튼을 눌러 감독관 PC로 전송

3. 부정행위 금지

4. 관련 없는 파일이 저장된 경우 실격

1. 다음의 ≪조건≫에 따라 스타일 기능을 적용하여 ≪출력형태≫와 같이 작성하시오.　　　　(50점)

　　≪조건≫　(1) 스타일 이름 – data
　　　　　　(2) 문단 모양 – 왼쪽 여백 : 15pt, 문단 아래 간격 : 10pt
　　　　　　(3) 글자 모양 – 글꼴 : 한글(궁서)/영문(돋움), 크기 : 10pt, 장평 : 105%, 자간 : –5%

　　≪출력형태≫

Open Government Data is data that is generated from information and material provided by all public sector organizations. All data owned by these organizations is shared among the public.

공공데이터는 데이터베이스 전자화된 파일 등 공공기관이 법령 등에서 정하는 목적을 위하여 생성 또는 취득하여 관리하는 전자적 방식으로 처리된 자료 또는 정보이다.

2. 다음의 ≪조건≫에 따라 ≪출력형태≫와 같이 표와 차트를 작성하시오.　　　　(100점)

　　≪표 조건≫　(1) 표 전체(표, 캡션) – 굴림, 10pt
　　　　　　　(2) 정렬 – 문자 : 가운데 정렬, 숫자 : 오른쪽 정렬
　　　　　　　(3) 셀 배경(면 색) : 노랑
　　　　　　　(4) 한글의 계산 기능을 이용하여 빈칸에 합계를 구하고, 캡션 기능 사용할 것
　　　　　　　(5) 선 모양은 ≪출력형태≫와 동일하게 처리할 것

　　≪출력형태≫
　　　　　　　　　　　　　　　　　　　업종별 공공데이터 확보 방법(단위 : 건)

구분	제조	도/소매	기술 서비스	정보 서비스	합계
다운로드	93	39	91	184	
API 연동	68	45	94	175	
이메일 이용	17	5	16	26	
기타	5	3	6	15	

　　≪차트 조건≫　(1) 차트 데이터는 표 내용에서 구분별 다운로드, API 연동, 이메일 이용의 값만 이용할 것
　　　　　　　　(2) 종류 – 〈묶은 세로 막대형〉으로 작업할 것
　　　　　　　　(3) 제목 – 돋움, 진하게, 12pt, 속성 – 채우기(하양), 테두리, 그림자(대각선 오른쪽 아래)
　　　　　　　　(4) 제목 이외의 전체 글꼴 – 돋움, 보통, 10pt
　　　　　　　　(5) 축제목과 범례는 ≪출력형태≫와 동일하게 처리할 것

　　≪출력형태≫

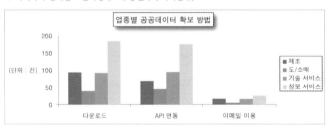

→ **스타일** (50점)

1. 글자 모양이나 문단 모양 스타일의 기능 평가
2. [스타일] 조건에 따라 스타일 기능을 적용

→ **표와 차트** (100점 : 각 50점)

1. 표 기능과 차트 기능 평가
2. 작성한 표의 오타를 검사, 계산식과 차트 완성

[주요 내용]

1. 문서를 오타 없이 입력
2. 주어진 조건에 맞는 스타일을 작성하고 적용
3. 표 작성 및 편집(셀 합치기, 선 모양, 셀 음영, 서식, 정렬 등)
4. 주어진 조건에 맞는 계산식 및 캡션을 적용
5. 차트 작성과 편집

3. 다음 (1), (2)의 수식을 수식 편집기로 각각 입력하시오.   (40점)

≪출력형태≫

(1) $\vec{F} = -\dfrac{4\pi^2 m}{T^2} + \dfrac{m}{T^3}$

(2) $\overline{AB} = \sqrt{(x_2 - x_1)^2 + (y_2 - y_1)^2}$

4. 다음의 ≪조건≫에 따라 ≪출력형태≫와 같이 문서를 작성하시오.   (110점)

≪조건≫ (1) 그리기 도구를 이용하여 작성을 하고, 모든 도형(글맵시, 지정된 그림 포함)을 ≪출력형태≫와 같
이 작성하시오.
(2) 도형의 면 색은 지시사항이 없으면 색 없음을 제외하고 서로 다르게 임의로 지정하시오.

≪출력형태≫

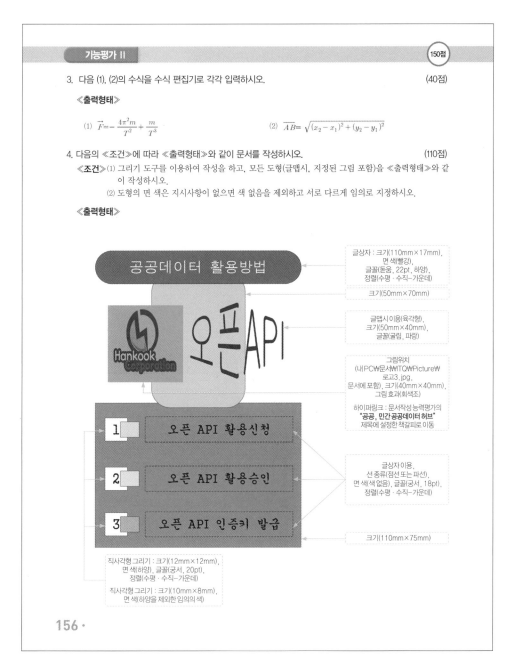

→ **수식** (40점 : 각 20점)

1. [수식]이 ≪출력형태≫와 같은 수식 기호를 사용
했는지 확인
2. 오타 시 0점 처리

[주요 내용]

1. 각 수식 문제당 1개의 수식을 이용하여 작성

2. 제시한 정확한 그림파일을 선택

3. 도형들의 크기, 배치, 정렬이 ≪출력형태≫와 동일한지 확인

4. 개체 묶기가 되지 않아야 함(개체 묶기가 되어 있을 경우 해당 그룹 0점 처리)

5. 정확한 개체에 하이퍼링크 연결

→ **그림/그리기 작성** (110점)

1. 도형의 크기, 배치, 정렬이 ≪출력형태≫와
동일하게 작성

2. 지시사항이 없는 도형의 면 색은 임의로 지정

3. 파선, 점선 사용

→ 문서작성 능력평가 (200점)

다양한 문서작성 능력 요구 – 지시사항이 누락되지 않도록 주의

[주요 내용]

1. 제목의 덧말 넣기

2. 문단 첫 글자 장식 이용

3. 출력형태에 맞게 문단 완성

4. 지시된 그림의 삽입과 크기 및 여백을 정확히 입력

5. 두 번째 문단에 들여쓰기 확인

6. 지시조건에 따라 문단 번호, 수준에 맞는 여백을 적용

7. 표 작성 편집(셀 합치기, 선 모양, 셀 음영, 서식, 정렬 등)

8. 쪽 번호, 책갈피, 머리말, 각주 등을 조건과 ≪출력형태≫에 맞게 작성

05 만점을 받기 위한 TIP

01 기능평가 I의 스타일은 입력이 되어 있지 않은 상태에서 스타일을 적용하면 해당 항목은 0점 처리됩니다. 오타 없이 입력을 하고 영문과 한글 사이의 빈 줄은 삽입하지 않습니다. 스타일의 기능을 이용하여 글자 모양/문단 모양을 지정하여야 하며 영문/한글의 글꼴을 따로 지정하여야 합니다. 스타일 지정이 끝나면 다음 줄에 반드시 스타일 해제를 합니다.

02 기능평가 I의 표에서 블록 계산식과 캡션의 글꼴 속성을 바꾸지 않은 경우가 많습니다. 블록 계산식은 빈 셀에만 작성하며 결과 값은 숫자이므로 오른쪽 정렬을 합니다. 캡션은 반드시 캡션 기능을 이용합니다. 이 모든 부분이 감점 대상이 될 수 있습니다.

03 기능평가 I의 차트는 주어진 조건 외에도 출력형태를 참고하여 세부사항(특히 눈금 및 범례 등)을 맞춰야 하며, 글꼴 또한 항목 축, 값 축, 범례 등에 모두 적용해야 합니다.

04 수식은 각각 20점씩이며, 수식의 문제 특성상 부분 점수는 없습니다. 오타 및 기호가 ≪출력형태≫와 다를 경우 0점 처리될 수 있으니 ≪출력형태≫와 동일하게 작성합니다.

05 도형은 배치 순서가 맞는지 확인하고, 하나의 개체로 묶지 않습니다. 묶으면 감점됩니다.

06 책갈피는 문서작성 평가의 제목 앞에 커서를 두고 책갈피를 설정합니다. 제목 글자를 블록으로 지정한 후 책갈피를 설정하면 감점이 됩니다.

07 그림은 반드시 해당 그림을 삽입하여 편집합니다.

08 하이퍼링크는 책갈피를 그림 또는 글맵시에 연결하도록 합니다. 문제의 지시사항을 확인하고 연결된 개체에 하이퍼링크를 적용합니다.

09 `Ctrl`+`Enter` 로 쪽을 나눈 경우 1, 2 페이지 쪽 번호 감추기를 하지 않아도 감점사항에 해당되지 않습니다.

※ 또한 평가 항목 중 가장 자신 있는 부분부터 작성하고, 반드시 해당 페이지에 해당 평가 항목이 작성되도록 합니다.

기본 문서 및 글꼴과 문단 서식 설정하기

01 Section

한글 2020 프로그램을 실행하여 편집 용지의 용지 여백을 설정하고, 쪽을 나누는 등 문서 작성의 기본부터 글꼴과
문단의 서식을 설정하는 방법까지 ITQ 한글 답안 작성의 기본 설정에 대해 학습합니다.

◉ 편집 용지 설정하기

- [쪽] 탭의 목록 단추를 클릭하여 [편집 용지]를 선택하거나 [쪽] 탭의 [쪽 여백]에서 [쪽 여백 설정]
  을 클릭하여 편집 용지의 용지 종류와 용지 여백을 설정할 수 있습니다.
- F7 을 눌러 편집 용지를 설정할 수 있습니다.

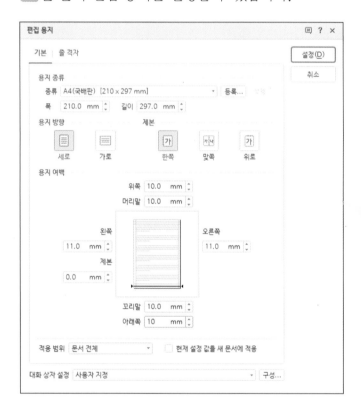

Tip

편집 용지의 종류는 'A4(국배판) [210mm*297mm]',
방향은 '세로', 용지 여백은 위쪽 · 아래쪽 · 머리
말 · 꼬리말은 '10mm', 왼쪽 · 오른쪽은 '11mm', 제
본은 '0mm'로 설정합니다.

◉ 쪽 나누기

- [쪽] 탭의 목록 단추를 클릭하여 [쪽 나누기]를 선택하거나 [쪽] 탭의 [쪽 나누기]를 클릭합니다.
- Ctrl + Enter 를 눌러 쪽 나누기를 할 수 있습니다. 쪽을 나누면 빨간색으로 페이지 구분선이 나타
  납니다.
- 쪽 나누기를 실행한 자리 앞이나 뒤에서 Delete 나 Back Space 를 누르면 나누어진 쪽이 지워집니다.

1페이지	Ctrl + Enter
2페이지	

🔵 한글/한자로 바꾸기

- 한자로 변경할 글자 또는 단어 뒤에 커서를 위치시키고 [입력] 탭의 [한자 입력]에서 [한자로 바꾸기]를 클릭한 뒤, [한자로 바꾸기]를 선택합니다.

- 한자 또는 F9 를 눌러 한글을 한자로 변경할 수 있으며, 변경된 한자 뒤에 커서를 위치시키고 다시 한자 또는 F9 를 누르면 한자를 한글로 변경할 수 있습니다.

🔵 문자표 입력하기

- [입력] 탭의 목록 단추를 클릭하여 [문자표]를 선택하거나 [입력] 탭의 [문자표]를 클릭합니다.
- Ctrl + F10 을 눌러 [문자표] 대화상자에서 다양한 문자를 입력할 수 있습니다.

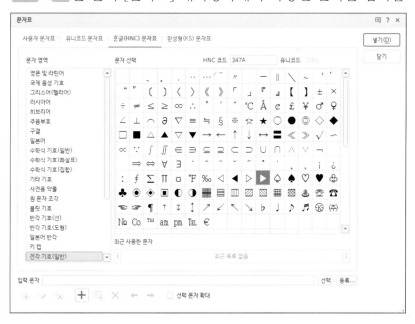

- [입력] 탭의 [문자표] 목록 단추를 클릭하면 최근에 삽입한 문자를 선택하여 입력할 수 있습니다.

블록 설정하기

- 글꼴이나 문단 서식이 적용될 범위를 블록으로 설정하여 편집할 수 있습니다.
- 블록을 설정할 글자 또는 단어 시작 위치에 마우스 포인터를 위치시킨 다음 클릭한 상태에서 원하는 위치까지 드래그하면 블록으로 설정할 수 있습니다.
- 블록을 설정할 시작 위치에 커서를 위치시킨 다음, Shift 를 누른 상태로 블록의 끝 위치를 클릭하면 커서가 위치한 곳부터 끝까지 블록을 설정할 수 있습니다.
- 블록을 설정할 단어를 더블 클릭하면 한 단어가 블록 설정됩니다.
- 블록을 설정할 단어를 세 번 클릭하면 한 문단이 블록 설정됩니다.
- [편집] 탭의 [모두 선택]을 클릭하거나 Ctrl + A 를 누르면 문서 전체가 블록으로 설정됩니다.

글꼴 서식 설정하기

- [서식] 탭의 목록 단추를 클릭하여 [글자 모양]을 선택하거나 [서식] 탭 또는 [편집] 탭의 [글자 모양]을 클릭합니다.
- Alt + L 을 눌러 [글자 모양] 대화상자를 불러올 수 있습니다.
- 서식 도구 상자에서 글꼴, 크기, 속성, 줄 간격 등을 설정할 수 있습니다.

- [글자 모양] 대화상자의 [기본] 탭에서 글자 크기, 글꼴, 글자 색 등을 설정할 수 있습니다.

Tip

색상은 조건에 있는 색상을 적용하고 색상이 구분이 되지 않을 경우는 RGB 값을 적용합니다.

(빨강 255, 0, 0 / 파랑 0, 0, 255 / 노랑 255, 255, 0)

- 속성

속성	기울임	취소선	그림자	음각	아래 첨자
진하게	밑줄	외곽선	양각	위 첨자	보통 모양

- [글자 모양] 대화상자의 [확장] 탭에서 ~, ·, ° 과 같은 강조점을 설정하여 문자 위에 표시할 수 있습니다.

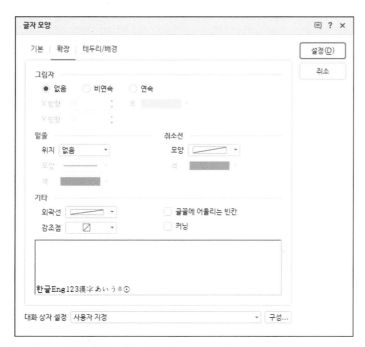

Tip

글자 속성 단축키

메뉴	진하게	기울임	밑줄	흰색 글자	빨간색 글자	노란색 글자	파란색 글자
단축키	Ctrl + B	Ctrl + I	Ctrl + U	Ctrl + M, W	Ctrl + M, R	Ctrl + M, Y	Ctrl + M, B

🔄 문단 모양 설정하기

- [서식] 탭의 목록 단추를 클릭하여 [문단 모양]을 선택하거나 [서식] 탭 또는 [편집] 탭의 [문단 모양]을 클릭합니다.
- Alt + T 를 눌러 [문단 모양] 대화상자를 불러올 수 있습니다.
- [서식]에서 문단 정렬 및 문단 첫 글자 장식, 줄 간격, 왼쪽 여백 늘이기, 왼쪽 여백 줄이기 등을 설정할 수 있습니다.

- [문단 모양] 대화상자에서도 정렬 방식, 여백, 첫 줄 들여쓰기, 첫 줄 내어쓰기, 줄 간격 등을 설정할 수 있습니다.

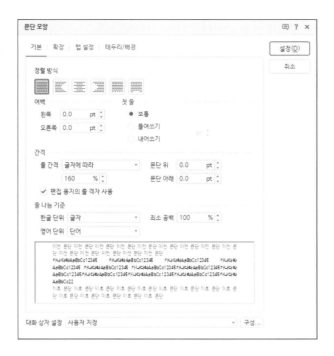

문단 첫 글자 장식 설정하기

- 첫 글자를 장식할 문단에 커서를 위치한 다음에 [서식] 탭의 목록 단추를 클릭하여 [문단 첫 글자 장식]을 선택하거나 [서식] 탭의 [문단 첫 글자 장식]을 클릭합니다.
- [문자 첫 글자 장식] 대화상자의 모양에서 2줄, 3줄, 여백으로 문단 첫 글자를 장식할 수 있습니다.

문단 번호 모양 설정하기

- [서식] 탭의 목록 단추를 클릭하여 [문단 번호 모양]을 선택하거나 [서식] 탭에서 [문단 번호]의 목록 단추를 클릭하여 [문단 번호 모양]을 클릭합니다.
- Ctrl + K , N 을 눌러 [글머리표 및 문단 번호] 대화상자를 불러올 수 있습니다.

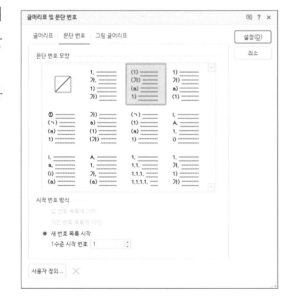

- [글머리표 및 문단 번호] 대화상자에서 [사용자 정의]를 클릭하면 [문단 번호 사용자 정의 모양] 대화상자가 나타납니다. 여기서 문단 번호의 모양을 수준에 따라 각각 다르게 설정할 수 있으며 문단 번호의 너비와 정렬을 설정할 수 있습니다.

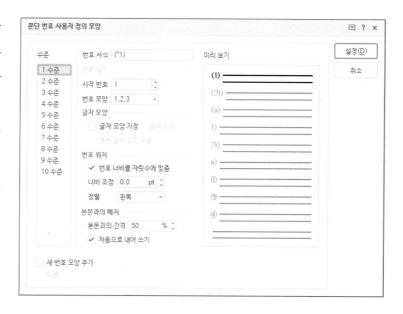

- [서식] 탭의 [한 수준 증가]를 클릭하면 문단 번호가 한 수준 증가하며, [한 수준 감소]를 클릭하면 문단 번호가 한 수준 감소합니다.

🔵 모양 복사하기

- [편집] 탭의 목록 단추를 클릭하여 [모양 복사]를 선택하거나 [편집] 탭의 [모양 복사]를 클릭하여 커서 위치의 글자 모양이나 문단 모양, 스타일 등을 다른 곳으로 복사할 수 있습니다.
- Alt + C 를 눌러 [모양 복사] 대화상자를 불러올 수 있습니다.
- 특정한 모양을 반복적으로 설정해야 하는 경우에 편리한 기능입니다.
- 복사한 글자 모양이나 문단 모양을 적용하고 싶으면 원하는 내용을 블록으로 설정한 다음, Alt + C 를 누릅니다.

다음의 ≪조건≫에 따라 ≪출력형태≫와 같이 문서를 작성하시오.

공통 부문
(1) 파일명의 본인의 "수험번호-성명"으로 입력하여 답안폴더 [내 PC₩문서₩ITQ]에 저장하시오.
(2) 글꼴에 대한 기본설정은 함초롬바탕, 10포인트, 검정, 줄 간격 160%, 양쪽 정렬로 한다.
(3) 색상은 조건의 색을 적용하고 색의 구분이 안될 경우에는 RGB 값을 적용한다.
　(빨강 255, 0, 0 / 파랑 0, 0, 255 / 노랑 255, 255, 0).
(4) 용지여백은 왼쪽 · 오른쪽 11mm, 위쪽 · 아래쪽 · 머리말 · 꼬리말 10mm, 제본은 0mm로 한다.

조건
(1) 문단 모양 – 왼쪽 여백 : 15pt, 문단 아래 간격 : 10pt
(2) 글자 모양 – 글꼴 : 한글(궁서)/영문(돋움), 크기 : 10pt, 장평 : 105%, 자간 : –5%

출력형태

As social welfare is realized by providing poor people with a minimal level of well–being, usually either a free supply of certain goods and social services, healthcare, education, vocational training.

나눔 활동은 가정 내의 빈곤과 가정해체로 인해 충분한 교육을 받지 모사는 아동들에게 재정적, 육체적, 정서적 지원을 제공하고 있으며 어린이들의 행복을 위해 노력하고 있습니다.

출력형태

문단 첫글자 장식 기능
글꼴 : 궁서, 면색 : 노랑

따뜻하고 활기찬 행복한 나눔

궁서, 21pt, 진하게, 가운데 정렬

우리나라는 예로부터 어려운 사람에게 도움을 주는 뿌리 깊은 문화가 있었다. 눈부신 경제 발전(發展)에 힘입어 1인당 국민소득이 3만 달러를 넘어섰지만, 경제적 풍요를 누르고 있음에도 불구하고 여전히 어두운 그늘에서 소외된 삶을 이어 가는 이웃이 존재하고 있다. 힘겨운 환경에 처한 이웃에 대한 나눔 문화를 활성화해야 한다는 공감대가 형성되고 있지만, 아직도 도움의 손길이 부족한 것이 현실이다. 힘든 상황에서도 서로 도와 평온한 미래를 개척해 나갈 수 있도록 모두의 사랑과 배려가 필요한 시점이라 하겠다.

이에 국민의 사회복지에 대한 이해를 고취(鼓吹)하고 사회복지사업 종사자의 활동을 장려하기 위하여 매년 9월 7일이 사회복지의 날로 정해지고 그날부터 한 주간이 사회복지기간으로 제정되었다. 이 기간에 다채로운 행사를 개최하여 복지 증진의 계기를 마련하고 관련 유공자를 포상함으로써 사회복지인들의 사기를 복돋고 복지 활동의 전국적 확산을 도모하고 있다. 그 목적으로 실시되고 있는 나눔 실천 운동은 소회 계층에게 생계비, 자립, 재활, 치료비 등의 후원 프로그램을 제공하여 민관 협력의 범국민적 나눔 문화 실천 운동의 본보기가 되고 있다.

◉ **나눔 활동의 의의**

글꼴 : 돋움, 18pt, 노랑
음영색 : 검정

　A. 나눔의 정의
　　가. 대가를 바라지 않고 금품, 용역, 부동산을 제공
　　나. 자선이나 기부를 포괄하는 용어로 적극성, 계획성을 함축
　B. 나눔 활동의 기대 효과
　　가. 나눔을 통해 연대 의식, 신로와 상호 호혜라는 자본이 축적
　　나. 참여자의 심리적 행복감과 신체 건강에 긍정적 영향

문단 번호 기능 사용
1수준 : 20pt, 오른쪽 정렬,
2수준 : 30pt, 오른쪽 정렬,
줄 간격 : 180%

◉ *사회복지 증진 전략 과제*

글꼴 : 돋움, 18pt, 기울임, 강조점

　A. 사회 서비스 선진화 기여 : 사회복지 전달체계 정립과 효율성 제고 및 관리 시스템 개선
　B. 나눔공동체 구축 : 나눔 정보 허브 구축과 나눔 문화 확산
　C. 변화와 혁신 선도 : 사회복지시설과 기관 및 단체의 연대 협력 강화

왼쪽 여백 : 20pt,
줄 간격 : 180%

한국사회복지협의회

글꼴 : 궁서, 24pt, 진하게,
장평 : 105%, 가운데 정렬

01 [쪽] 탭의 [편집 용지]를 클릭하거나 **F7**을 눌러 [편집 용지] 대화상자의 ❶[기본] 탭에서 ❷[용지 여백]을 위쪽 · 아래쪽 · 머리말 · 꼬리말은 '10mm', 왼쪽 · 오른쪽은 '11mm', 제본은 '0mm'으로 설정하고 ❸[설정]을 클릭합니다.

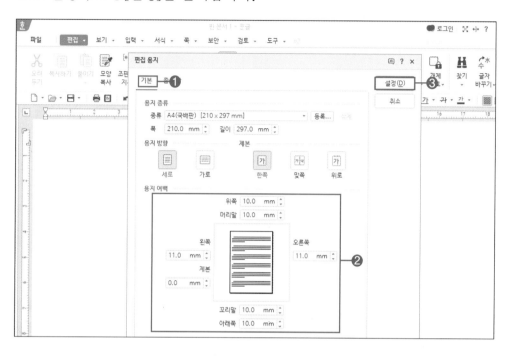

02 ≪출력형태≫와 같이 내용을 입력합니다. 입력한 내용을 블록으로 설정하고 ❶[서식] 탭의 ❷[글자 모양]을 클릭합니다. [글자 모양] 대화상자의 [기본] 탭에서 ❸언어를 '한글', 글꼴은 '궁서', 장평은 '105%', 자간은 '−5%'로 설정합니다.

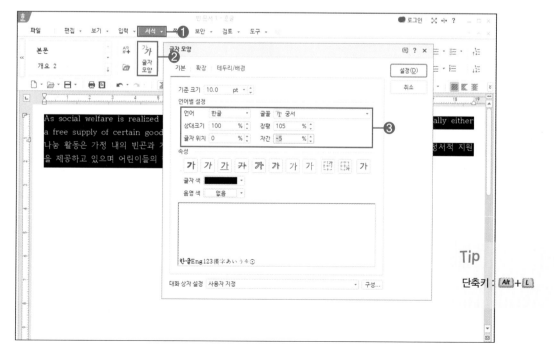

03 ❶언어를 '영문', 글꼴은 '돋움', 장평은 '105%', 자간은 '-5%'로 설정하고 ❷[설정]을 클릭합니다.

04 ❶[서식] 탭의 ❷[문단 모양]을 클릭합니다. [문단 모양] 대화상자의 ❸[기본] 탭에서 ❹왼쪽 여백은 '15pt', ❺문단 아래 간격은 '10pt'로 설정하고 ❻[설정]을 클릭합니다.

Tip
단축키 : Alt + T

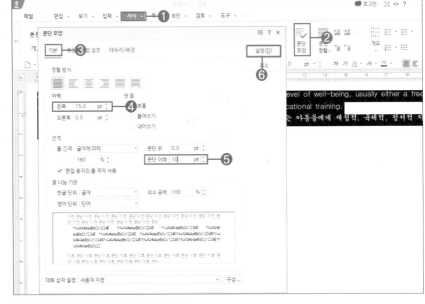

05 입력한 내용 마지막 줄 끝에 마우스 커서를 위치시킨 다음 [쪽 나누기]를 클릭하여 쪽(페이지)을 나눕니다. Ctrl + 1 을 눌러 스타일을 해제합니다.

Tip
단축키 : Ctrl + Enter

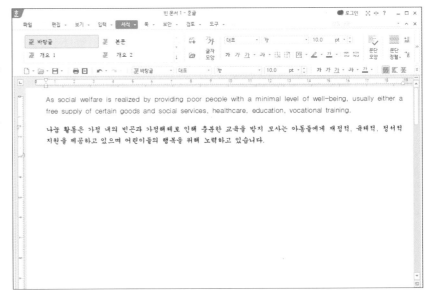

01 ≪출력형태≫와 같이 내용을 입력합니다. 제목을 블록으로 설정한 다음, 서식 도구 상자에서 ❶글꼴은 '궁서', 글자 크기는 '21pt', 속성은 '진하게', 정렬은 '가운데 정렬'로 설정합니다.

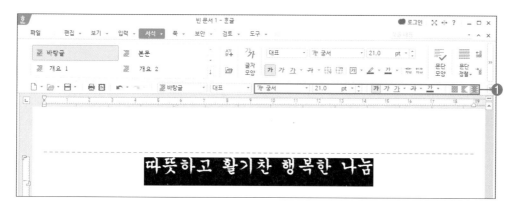

02 한자로 변환할 ❶'발전' 뒤에 커서를 위치시키고 한자 또는 F9 를 누릅니다. [한자로 바꾸기] 대화 상자의 한자 목록에서 ❷'發展'을 선택한 다음 입력 형식에서 ❸'한글(漢字)'로 선택하고 ❹[바꾸기]를 클릭합니다.

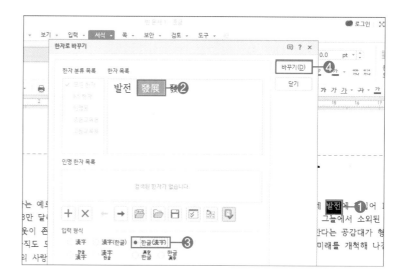

03 같은 방법으로 ❶'고취' 뒤에 커서를 위치시키고 [한자로 바꾸기] 대화상자의 한자 목록에서 ❷'鼓吹'를 선택하고 ❸[바꾸기]를 클릭합니다.

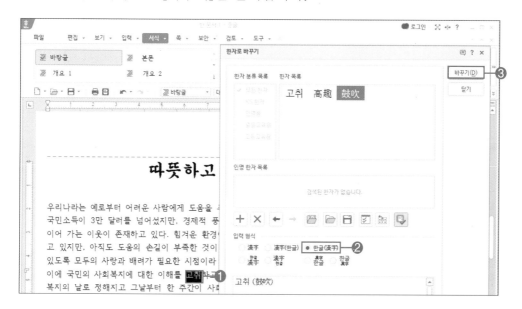

04 본문 시작인 '우' 앞에 커서를 위치시키고 ❶[서식] 탭의 ❷[문단 첫 글자 장식]을 클릭합니다. [문단 첫 글자 장식] 대화상자에서 ❸모양은 '2줄', ❹글꼴은 '궁서'로 설정합니다. ❺면 색의 목록 단추를 클릭하고 ❻색상 테마 목록 단추를 클릭하여 ❼'오피스'를 클릭합니다.

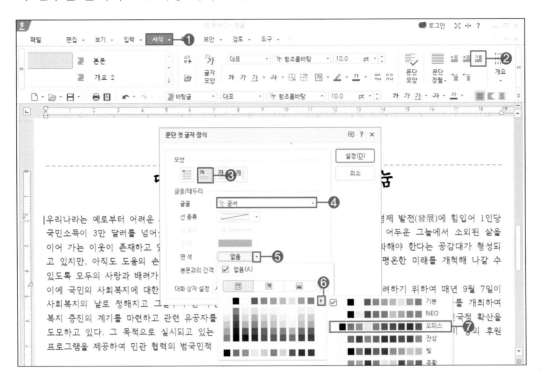

05 ❶'노랑'을 선택하고 ❷[설정]을 클릭합니다.

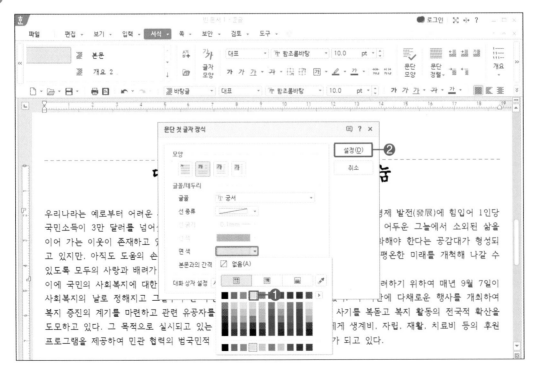

01 문자표를 입력할 위치에 커서를 위치시키고 **Ctrl** + **F10** 을 누릅니다. [문자표] 대화상자에서 ❶ [한글(HNC) 문자표] 탭을 선택하고 문자 영역에서 ❷'전각 기호(일반)'를 선택합니다. 문자 선 택에서 ❸'◉'을 선택하고 ❹[넣기]를 클릭합니다. ≪출력형태≫와 같이 다음 제목에도 문자표 를 삽입합니다.

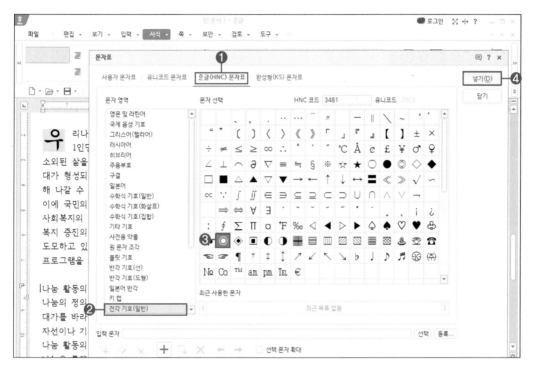

02 삽입된 문자표 뒤에 **Space Bar** 를 눌러 공백을 삽입한 후, 다음과 같이 블록을 설정하고 서식 도 구 상자에서 ❶글꼴은 '돋움', 글자 크기는 '18pt'로 설정합니다.

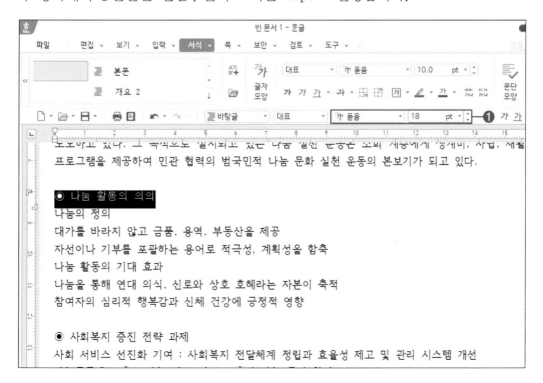

03 문자표를 제외한 내용을 블록으로 설정하고 ❶[서식] 탭의 ❷[글자 모양]을 클릭합니다. [글자 모양] 대화상자에서 ❸음영 색의 ❹색상 테마 목록 단추를 클릭하여 ❺'오피스'로 변경합니다.

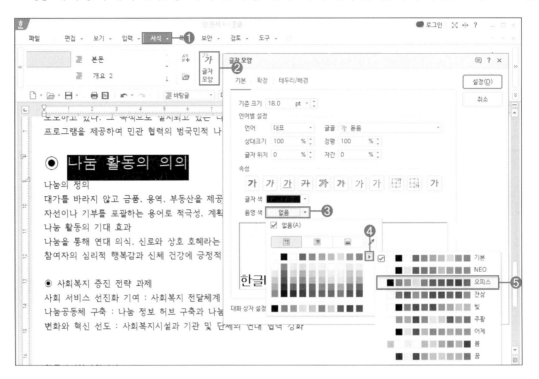

04 ❶음영 색을 '검정'으로 선택하고 ❷글자 색 목록 단추를 클릭하여 '오피스'로 변경합니다. 글자 색을 '노랑'으로 선택하고 ❸[설정]을 클릭합니다.

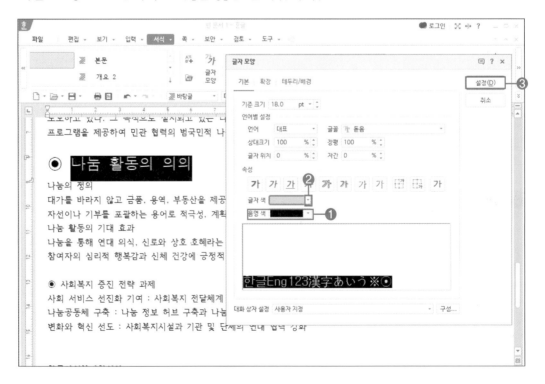

05 다음과 같이 제목을 블록으로 설정하고 서식 도구 상자에서 **❶**글꼴은 '돋움', 글자 크기는 '18pt'로 설정합니다.

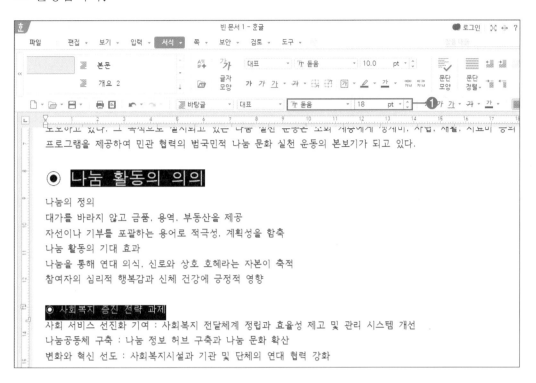

06 문자표를 제외한 내용을 블록으로 설정하고 **❶**[서식] 탭의 **❷**'기울임'을 클릭합니다.

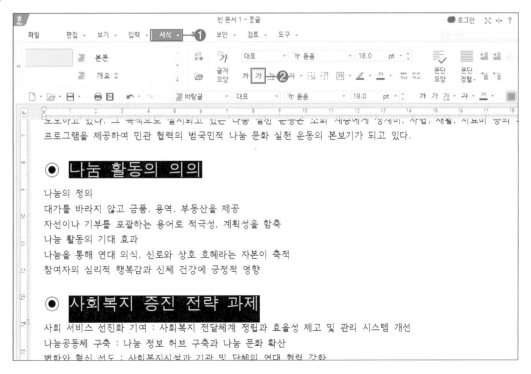

07 '사회복지'만 블록으로 설정하고 ❶[서식] 탭의 ❷[글자 모양]을 클릭합니다. [글자 모양] 대화상자의 ❸[확장] 탭에서 ❹강조점을 클릭하여 ❺≪출력형태≫와 같은 강조점을 선택하고 ❻[설정]을 클릭합니다.

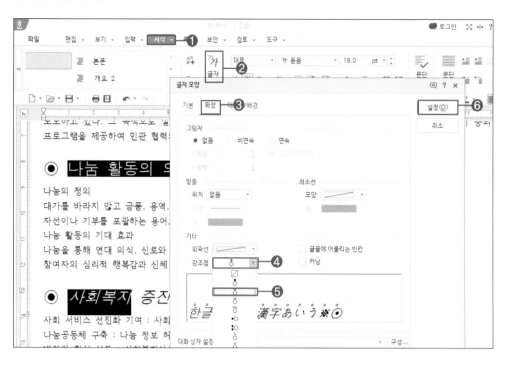

08 '한국사회복지협의회'를 블록으로 설정하고 ❶[서식] 탭의 ❷[글자 모양]을 클릭합니다. [글자 모양] 대화상자의 ❸[기본] 탭에서 ❹글꼴을 '궁서', 글자 크기는 '24pt', 장평은 '105%', 속성은 '진하게'로 설정하고 ❺[설정]을 클릭합니다. 마지막으로 서식 도구 상자에서 '가운데 정렬'을 클릭합니다.

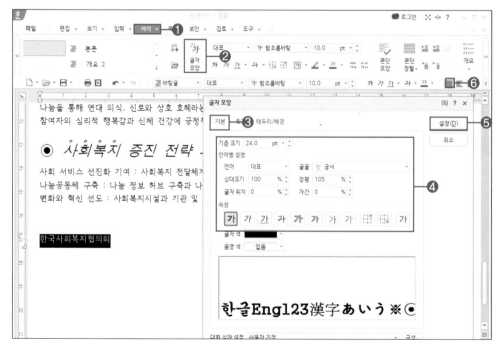

01 문단 번호를 설정할 내용을 블록으로 설정한 다음 ❶[서식] 탭의 ❷[문단 번호]의 목록 단추를 클릭하여 ❸[문단 번호 모양]을 클릭합니다. [글머리표 및 문단 번호] 대화상자의 [문단 번호] 탭에서 ❹《출력형태》와 비슷한 문단 번호를 선택하고 ❺[사용자 정의]를 클릭합니다.

02 [문단 번호 사용자 정의 모양] 대화상자에서 ❶'1 수준'을 선택하고 ❷너비 조정을 '20'으로 설정하고 ❸정렬을 '오른쪽'으로 선택합니다.

03 수준을 ❶'2 수준'으로 선택하고 ❷번호 모양을 클릭하여 '가, 나, 다'로 선택합니다.

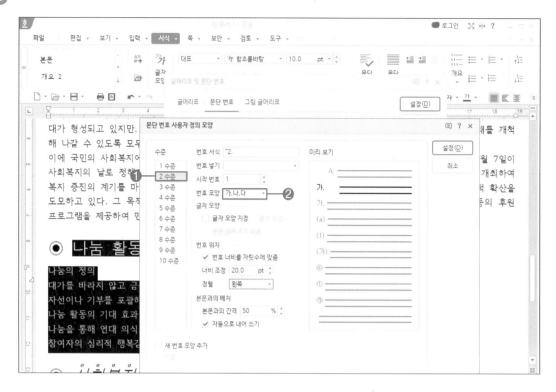

04 ❶너비 조정을 '30'으로 설정하고 ❷정렬을 '오른쪽'으로 선택하고 ❸[설정]을 클릭합니다. [글머리표 및 문단 번호] 대화상자의 첫 화면으로 돌아오면 ❹[설정]을 클릭합니다.

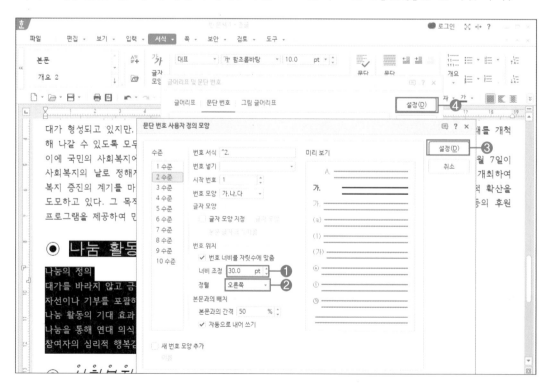

05 다음과 같이 2수준 내용을 블록으로 설정하고 ❶[한 수준 감소]를 클릭해 문단 번호의 수준을 한 수준 낮춥니다.

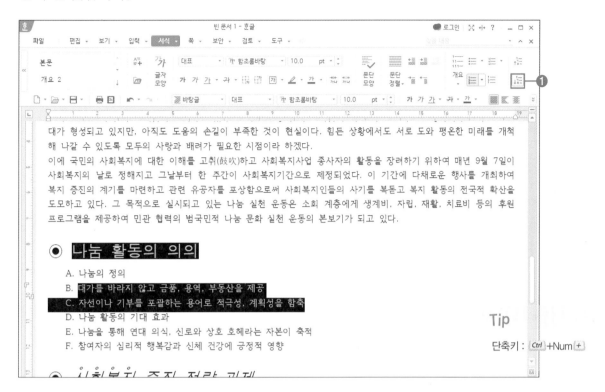

06 같은 방법으로 다음과 같이 블록 설정된 내용도 ❶[한 수준 감소]를 클릭해 문단 번호의 수준을 한 수준 낮춥니다.

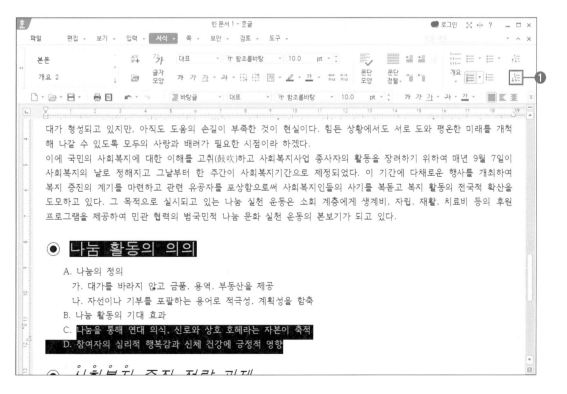

07 다음과 같이 블록을 설정하고 ❶줄 간격을 '180%'로 설정합니다.

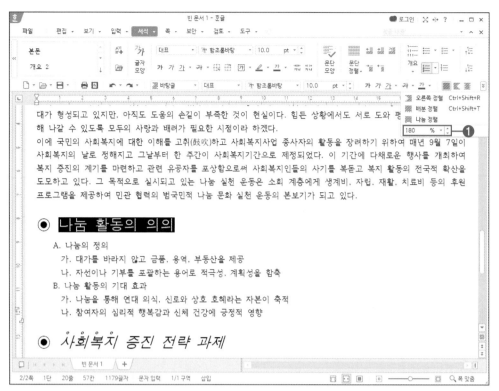

08 다음과 같이 내용을 블록 설정하고 ❶[서식] 탭의 ❷[문단 번호]의 목록 단추를 클릭하여 [문단 번호 모양]을 클릭합니다. [글머리표 및 문단 번호] 대화상자의 ❸[문단 번호] 탭에서 ❹앞에서 등록한 문단 번호를 선택하고 ❺[설정]을 클릭합니다.

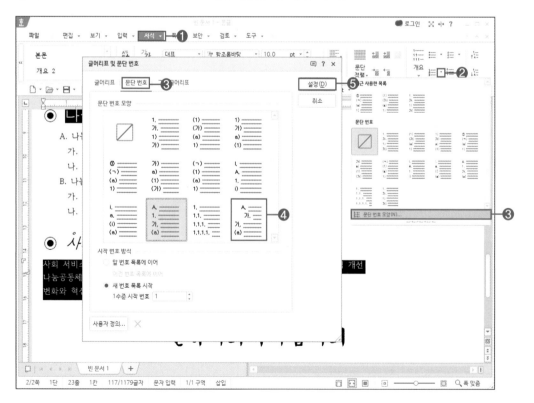

09 다음과 같이 블록 설정된 상태에서 ❶[서식] 탭의 ❷[문단 모양]을 클릭합니다. [문단 모양] 대화상자에서 ❸왼쪽 여백을 '20pt', ❹줄 간격을 '180%'로 설정하고 ❺[설정]을 클릭합니다.

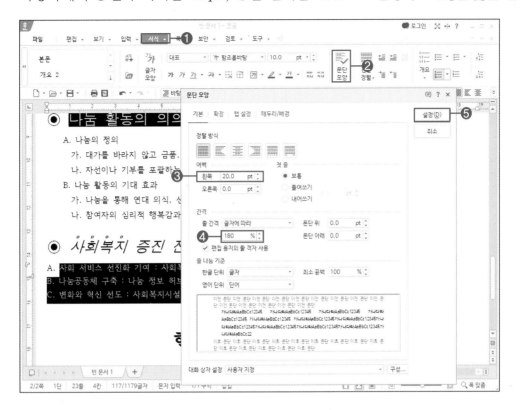

11 블록을 해제하고 문서를 저장하기 위해 Alt + S 를 누릅니다. [다른 이름으로 저장하기] 대화상자에서 [내 PC₩문서₩ITQ] 폴더를 열어 파일 이름을 ❶'수험번호-이름' 형식으로 입력하고 ❷[저장]을 클릭합니다.

Tip

저장하기 : Alt + S

다른 이름으로 저장하기 : Alt + V

Tip

· ITQ 폴더는 내 PC에 답안용 폴더를 생성하여 저장하면 됩니다.

· 답안 문서 파일명이 '수험번호-이름'과 일치하지 않으면 실격 처리됩니다. 파일 저장 과정에서 답안 문서의 파일명이 틀렸을 경우 [파일] 탭의 [다른 이름으로 저장하기] 또는 Alt + V 를 눌러 파일명을 정확하게 입력하고 다시 저장합니다.

■ ■ 준비파일 : 실력팡팡₩기본문서1.hwp / 완성파일 : 실력팡팡₩기본문서1_완성.hwp

01 다음의 ≪조건≫에 따라 ≪출력형태≫와 같이 문서를 작성하시오.

공통 부문
(1) 파일명의 본인의 "수험번호–성명"으로 입력하여 답안폴더 [내 PC₩문서₩ITQ]에 저장하시오.
(2) 글꼴에 대한 기본설정은 함초롬바탕, 10포인트, 검정, 줄 간격 160%, 양쪽 정렬로 한다.
(3) 색상은 조건의 색을 적용하고 색의 구분이 안될 경우에는 RGB 값을 적용한다(빨강 255, 0, 0 / 파랑 0, 0, 255 / 노랑 255, 255, 0).
(4) 용지여백은 왼쪽·오른쪽 11mm, 위쪽·아래쪽·머리말·꼬리말 10mm, 제본은 0mm로 한다.

조건
(1) 문단 모양 – 왼쪽 여백 : 15pt, 문단 아래 간격 : 10pt
(2) 글자 모양 – 글꼴 : 한글(굴림)/영문(돋움), 크기 : 10pt, 장평 : 110%, 자간 : 5%

출력형태

A genetically modified organism(GMO) or GEO is an organism whose genetic material has been altered using genetic engineering techniques.

유전자재조합이란 한 생물체의 유용한 유전자를 추출하여 다른 생물체에 이식함으로써 유용한 성질을 생성하는 기술을 말한다.

출력형태

문단 첫글자 장식 기능
글꼴 : 궁서, 면색 : 노랑

유전자와 재조합기술의 이해

굴림, 24pt, 진하게, 가운데 정렬

생 물체 각각의 유전 형질을 발현시키는 원인이 되는 고유한 형태, 색, 성질 등과 같은 인자를 유전자(遺傳子)라고 하며, 염색체 가운데 일정한 순서로 배열되어 생식 세포를 통해 자손에게 유전 정보를 전달한다. 세포 속에 들어 있는 유전자는 생명 현상의 가장 중요한 성분인 단백질을 만드는 데 필요한 유전 정보 단위이며, 본체는 DNA라 불리는 화합물로 구성되어 있다. 이 DNA의 염기 배열 순서에 따라 어떤 단백질이 만들어지는지가 결정되면서 생물의 모양이나 특성 등이 달라진다. 인간의 경우 세포 속에 약 3만여 개, 벼는 약 4만여 개의 유전자가 존재한다.

한 생물체의 유용한 유전자를 추출하여 다른 생물체에 이식(移植)함으로써 유용한 성질을 생형하는 기술을 유전자재조합이라고 한다. 이 기술에 의해 형질이 전환된 생물체를 GMO라고 하며 그 종류에 따라 유전자재조합농산물, 유전자재조합동물, 유전자재조합미생물로 분류된다. 식물이나 가축의 유전적 특성을 개선하여 보다 실용적인 개체를 개발하고자 유전공학의 힘을 이용하여 의도적인 품종 개량을 유도하는 유전자재조합기술은 복제기술, 조직배양기술, 생체 대량배양기술과 더불어 대표적인 현대 생명공학기술이다.

◈ GMO 표시의 개요

글꼴 : 돋움, 18pt, 노랑
음영색 : 파랑

A. 시행 목적과 법적 근거
　① 시행 목적 : 소비자에게 올바른 정보 제공
　② 법적 근거 : 농산물품질 관리법에 따른 표시 요령
B. 표시 방법
　① 국내 식품 : 포장지에 인쇄
　② 수입 식품 : 스티커 부착 기능

문단 번호 기능 사용
1수준 : 20pt, 오른쪽 정렬,
2수준 : 30pt, 오른쪽 정렬,
줄 간격 : 180%

◈ *GM 식품의 표시 관리*

글꼴 : 돋움, 18pt, 기울임, 강조점

A. 한국의 비의도적 혼합치 : 3% 이하
B. 일본의 비의도적 혼합치 : 5% 이하

왼쪽 여백 : 15pt, 줄 간격 : 180%

글꼴 : 궁서, 25pt, 진하게,
장평 : 95%, 가운데 정렬

KFDA(식약청)

02 다음의 ≪조건≫에 따라 ≪출력형태≫와 같이 문서를 작성하시오.

공통 부문
(1) 파일명의 본인의 "수험번호-성명"으로 입력하여 답안폴더 [내 PC₩문서₩ITQ]에 저장하시오.
(2) 글꼴에 대한 기본설정은 함초롬바탕, 10포인트, 검정, 줄 간격 160%, 양쪽 정렬로 한다.
(3) 색상은 조건의 색을 적용하고 색의 구분이 안될 경우에는 RGB 값을 적용한다(빨강 255, 0, 0 / 파랑 0, 0, 255 / 노랑 255, 255, 0).
(4) 용지여백은 왼쪽·오른쪽 11mm, 위쪽·아래쪽·머리말·꼬리말 10mm, 제본은 0mm로 한다.

조건
(1) 문단 모양 - 첫 줄 들여쓰기 : 10pt, 문단 아래 간격 : 10pt
(2) 글자 모양 - 글꼴 : 한글(돋움)/영문(궁서), 크기 : 10pt, 장평 : 120%, 자간 : -5%

출력형태

A mobile operation system, mobile software platform, is the operating system that controls a mobile device or information appliance.

　모바일 운영체제는 스마트폰, 태블릿 컴퓨터 및 정보 가전 등의 소프트웨어 플랫폼, 모바일 장치 또는 정보 기기를 제어하는 운영체제이다.

출력형태

운영체제(OS) 주도권 경쟁의 확산

문단 첫글자장식 기능
글꼴 : 굴림, 면색 : 노랑

돋움, 24pt, 진하게, 가운데 정렬

스마트폰이 활성화되면서 MS가 주도해 온 운영체제(OS) 시장에서 애플과 구글이 부상하는 등 지각변동이 일어나고 있다. 2007년 애플의 아이폰이 출시되면서 스마트폰 OS 시장은 심비안이 몰락(沒落)하고 멀티터치 스크린과 외부 개발자 생태계 등을 지원하는 애플 iOS가 스마트폰 OS 경쟁을 촉발하여 그 대항마로 안드로이드가 급부상하면서 다자간 경쟁으로 전환되었다.
OS 주도권을 장악하기 위해 사활을 건 승부가 벌어지고 있는 까닭은 첫째, OS가 필요한 기기의 수가 폭증하고 있기 때문이다. 인터넷에 연결되어 다양한 애플리케이션을 활용할 수 있는 기기는 2010년 125억 대에서 2020년에는 500억 대로 늘어날 전망이다. 다양한 기기에 장착되는 OS를 장악한 기업은 관련 산업 자체를 자사에 유리한 방향으로 이끄는 등 막대한 이익을 향유하게 될 것이다. 둘째, 서버에 저장된 애플리케이션과 콘텐츠를 다양한 기기로 접속해 이용하는 클라우드 서비스가 확산되고 있기 때문이다. 클라우드 환경에서 필요한 OS는 PC 환경에서의 OS와 성격이 다르다. 따라서 향후 최대의 수익원으로 부상할 클라우드 서비스에서 수익을 극대화하기 위해 이에 최적화된 OS의 개발(開發) 경쟁이 전개되고 있다.

◑ **운영체제 주도권 경쟁의 확산**

글꼴 : 굴림, 18pt, 하양
음영색 : 주황

　가) 스마트화가 진행되는 TV 시장
　　a) 애플 : 2012년 iOS를 탑재할 TV 출시 확정
　　b) MS의 윈도 8 : 스마트폰, 태블릿 PC뿐만 아니라 TV에도 탑재
　나) 자동차용 OS의 경쟁 동향
　　a) 구글 : 2010년 GM과 안드로이드 기반 텔레매틱스 서비스 개발 협력
　　b) RIM : 2011년 블랙베리와 QNX를 통합한 BBX 공개

문단 번호 기능 사용
1수준 : 20pt, 오른쪽 정렬,
2수준 : 30pt, 오른쪽 정렬,
줄 간격 : 180%

◑ *모바일 O͠S 비̠교̠*

글꼴 : 굴림, 18pt, 기울임, 강조점

　가) 안드로이드 판매처 : 안드로이드 마켓
　나) iOS 판매처 : 애플 스토어

왼쪽 여백 : 20pt, 줄 간격 : 180%

글꼴 : 궁서, 22pt, 진하게,
장평 : 115%, 오른쪽 정렬

모바일 운영체제연구소

■ ■ 준비파일 : 실력팡팡₩기본문서3.hwp / 완성파일 : 실력팡팡₩기본문서3_완성.hwp

03 다음의 ≪조건≫에 따라 ≪출력형태≫와 같이 문서를 작성하시오.

공통 부문
(1) 파일명의 본인의 "수험번호–성명"으로 입력하여 답안폴더 [내 PC₩문서₩ITQ]에 저장하시오.
(2) 글꼴에 대한 기본설정은 함초롬바탕, 10포인트, 검정, 줄 간격 160%, 양쪽 정렬로 한다.
(3) 색상은 조건의 색을 적용하고 색의 구분이 안될 경우에는 RGB 값을 적용한다(빨강 255, 0, 0 / 파랑 0, 0, 255 / 노랑 255, 255, 0).
(4) 용지여백은 왼쪽 · 오른쪽 11mm, 위쪽 · 아래쪽 · 머리말 · 꼬리말 10mm, 제본은 0mm로 한다.

조건
(1) 문단 모양 – 왼쪽 여백 : 15pt, 문단 아래 간격 : 10pt
(2) 글자 모양 – 글꼴 : 한글(궁서)/영문(굴림), 크기 : 10pt, 장평 : 105%, 자간 : –5%

출력형태

After-school activity was included in the category of specialty and aptitude education. It was expected that after-school program could promote students good character and improve their creativity.

방과후학교 프로그램은 획일화된 정규 교과 위주의 교육에서 벗어나 21세기를 이끌어 갈 인재를 양성하고 학생들 개개인의 소질과 적성을 계발하기 위하여 도입되었다.

출력형태

문단 첫글자장식 기능
글꼴 : 돋움, 면색 : 노랑

방과후학교로 교육체제 혁신

궁서, 24pt, 진하게, 가운데 정렬

방과후학교는 기존의 특기적성 교육, 방과후교실, 수준별 보충학습 등을 통합하여 정규 교육과정 이외의 시간에 다양한 형태의 교육 프로그램으로 운영하는 교육체제를 말한다. 자율성, 다양성, 개방성이 확대된 혁신적(革新的) 교육체제를 표방하며 전국의 초중고교에 도입된 방과후학교는 획일화된 정규 교과 위주의 교육에서 벗어나 21세기를 이끌어 갈 인재를 양성하고 학생들 개개인의 소질과 적성을 계발하기 위하여 2005년 시범 운영을 거쳐 2006년에 전면 실시되었다.

본 제도는 다양한 학습과 보육의 욕구를 해소하여 사교육비를 경감하고 사회 양극화에 따른 교육 격차를 완화하여 교육복지를 구현하며 학교, 가정, 사회가 연계한 지역 교육문화의 발전을 꾀하고자 학생 보살핌, 청소년 보호선도, 자기주도적 학습력 신장, 인성 함양 등을 위한 다양한 프로그램이 개설되어 운영되고 있다. 창의력과 특기 적성 계발 등 학생들의 다양성(多樣性)이 교육과정에서 중요한 부분으로 부각되는 가운데 사교육이 아닌 공교육에서 이루어지는 방과후학교는 학생들과 학부모들로부터 큰 호응을 얻고 있으며 일선 학교 및 교육기부 단체의 적극적인 참여로 다양한 프로그램과 교육환경이 개선되고 있다.

■ **방과후학교 개요**

글꼴 : 굴림, 18pt, 하양
음영색 : 빨강

1. 운영 주체 및 지도 강사
　가. 운영 주체 : 학교장, 대학, 비영리법인(단체)
　나. 지도 강사 : 현직 교원, 관련 전문가, 지역사회 인사 등
2. 교육 대상 및 교육 장소
　가. 교육 대상 : 타교 학생 및 지역사회 성인까지 확대
　나. 교육 장소 : 인근 학교 및 지역사회의 다양한 시설 활용

문단 번호 기능 사용
1수준 : 20pt, 오른쪽 정렬,
2수준 : 30pt, 오른쪽 정렬,
줄간격 : 180%

■ *방과후학교 예능 강좌*

글꼴 : 굴림, 18pt, 기울임, 강조점

1. 한지공예 : 한지를 이용하여 반짇고리, 찻상 등에 전통미를 불어넣는 공예
2. 리본아트 : 리본을 이용하여 머리핀과 코르사주 등 생활용품 제작
3. 비즈공예 : 진주처럼 구멍이 뚫린 구슬을 이용한 모든 공예

왼쪽 여백 : 20pt, 줄 간격 : 200%

글꼴 : 돋움, 20pt, 진하게,
장평 : 110%, 오른쪽 정렬

교육과학기술부

04 다음의 ≪조건≫에 따라 ≪출력형태≫와 같이 문서를 작성하시오.

공통 부문

(1) 파일명의 본인의 "수험번호–성명"으로 입력하여 답안폴더 [내 PC₩문서₩ITQ]에 저장하시오.

(2) 글꼴에 대한 기본설정은 함초롬바탕, 10포인트, 검정, 줄 간격 160%, 양쪽 정렬로 한다.

(3) 색상은 조건의 색을 적용하고 색의 구분이 안될 경우에는 RGB 값을 적용한다(빨강 255, 0, 0 / 파랑 0, 0, 255 / 노랑 255, 255, 0).

(4) 용지여백은 왼쪽·오른쪽 11mm, 위쪽·아래쪽·머리말·꼬리말 10mm, 제본은 0mm로 한다.

조건

(1) 문단 모양 – 왼쪽 여백 : 10pt, 문단 아래 간격 : 10pt

(2) 글자 모양 – 글꼴 : 한글(돋움)/영문(굴림), 크기 : 10pt, 장평 : 115%, 자간 : 5%

출력형태

Learn myself free personality tests provide the most interesting, accurate and fun means of learning about yourself.

다면인성검사는 미네소타 대학의 해서웨이와 맥킨리가 임상진단용으로 만든 성격검사로 임상 척도와 타당성 척도로 구성되어 있다.

출력형태

문단 첫글자 장식 기능
글꼴 : 궁서, 면색 : 노랑

역학관계 연구

굴림, 22pt, 진하게, 가운데 정렬

집단 공동체의식의 피폐와 부재로 개인 및 집단의 이기(체리)와 기회주의가 만연하고 보편적 사회규범이 약화되면서 계층 간의 갈등과 도덕성 해이가 사회문제로 대두됨에 따라 공동체의식과 도덕성을 회복하고 준법, 참여, 민주와 같은 시민의식을 함양하기 위한 제도적 장치가 요구되고 있다. 학교 현장에서도 학생들의 공동체의식과 인성을 함양하여 집단 따돌림, 학원 폭력, 인터넷 중독 등을 예방하고 체계적인 상담과 지도를 위한 제도적 장치와 절차적 수단을 강구할 목적으로 다면인성검사도구가 개발되어 활용되고 있다.

다면인성검사도구는 개개인을 비롯하여 학생과 학생, 교사와 학생 등 학급 구성원 간에 일어나는 역학적 상호작용(相互作用)과 의식적 동기화 과정에 대한 이해 정도를 주관적 또는 객관적 방법으로 진단하고 평가하여 피드백을 꾀한다. 기존의 일반화된 성격검사 방법과 상호인식검사 방식을 결합하고 상위자 평가가 병행되며 피검 대상 및 관계, 검사 방법 및 절차 등의 표준화와 규준을 마련하고 있기 때문에 상호인식검사법 또는 다면인성검사 프로그램이라고도 하며 교육 현장에 적용할 때는 학생표준인성검사 프로그램이라고 부른다.

◉ **다면인성검사도구의 특징**

글꼴 : 궁서, 18pt, 노랑
음영색 : 초록

　1) 목적 및 검사 대상

　　가) 목적 : 학원 폭력 및 집단 따돌림 예방과 인성 함양

　　나) 검사 대상 : 7인 이상으로 구성된 집단

　2) 기대효과

문단 번호 기능 사용
1수준 : 20pt, 오른쪽 정렬,
2수준 : 30pt, 오른쪽 정렬,
줄간격 : 180%

　　가) 긍정적 문답으로 인한 정적 강화 제고와 감성적 역기능 배제

　　나) 자기충족적 예언의 위험 해소, 자기효능감 기대효과 증진

◉ **다면인성검사도구의 실제**

글꼴 : 돋움, 18pt, 밑줄, 강조점

　1. 문제의 예 : 나는 분위기를 잘 파악한다.

　2. 평가 방법 : 5점 척도

왼쪽 여백 : 20pt, 줄간격 : 160%

글꼴 : 돋움, 24pt, 진하게,
장평 : 105%, 가운데 정렬

한국무형자산연구소

기능평가 Ⅰ - 스타일

한글과 영어 문서 작성 능력과 스타일 기능을 활용하는 능력을 평가합니다. 스타일 이름, 문단 모양과 글자 모양을 미리 설정하여 일관성있게 문서를 작성해 봅니다.

스타일 설정하기

- [서식] 탭의 목록 단추를 클릭하여 [스타일]을 선택하거나 [편집] 탭의 [스타일]을 클릭합니다.
- *F6*을 눌러 [스타일] 대화상자를 불러올 수 있습니다.
- [스타일] 대화상자에서 [스타일 추가하기]를 클릭합니다.

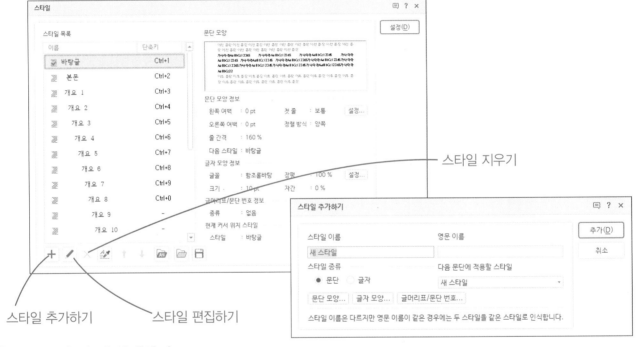

스타일 지우기

스타일 추가하기　　스타일 편집하기

스타일 수정 및 삭제하기

- 스타일을 잘못 설정한 경우에는 [스타일 편집하기]를 클릭하여 '스타일 이름'과 '문단 모양'과 '글자 모양' 등을 수정할 수 있습니다.
- 스타일을 삭제할 때는 [스타일 지우기]를 클릭하면 삭제할 수 있습니다.

스타일 해제하기

- 스타일이 해제가 되지 않으면 문서에서 작성한 스타일이 계속 적용되므로 다음 문단에서 해제하고 싶다면 반드시 스타일을 [바탕글]로 선택합니다.
- *Ctrl* + *1*을 누르거나 서식 도구 상자의 [바탕글]을 선택하여 해제합니다.

■ ■ 준비파일 : 출제유형₩스타일.hwp / 완성파일 : 출제유형₩스타일_완성.hwp

다음의 ≪조건≫에 따라 스타일 기능을 적용하여 ≪출력형태≫와 같이 작성하시오.   (50점)

조건
(1) 스타일 이름 – accident
(2) 문단 모양 – 왼쪽 여백 : 10pt, 문단 아래 간격 : 10pt
(3) 글자 모양 – 글꼴 : 한글(돋움)/영문(굴림), 크기 : 10pt, 장평 : 95%, 자간 : −5%

출력형태

1.

Accidental injury is a leading killer of children 14 and under wordwide. Most of these accidental injuries can be prevented by taking simple safety measures.

매년 안전사고에 의해 목숨을 잃거나 장애를 얻어 어린이가 늘고 있어 이에 대한 안전 대책이 체계적, 지속적으로 이루어질 수 있도록 많은 활동이 전개되고 있다.

Step 01. 스타일 설정하기

01 준비파일을 불러옵니다. 1 페이지 처음에 문제번호 '1.'을 입력하고 **Enter** 를 눌러 다음 줄에 입력된 본문을 블록 설정합니다.

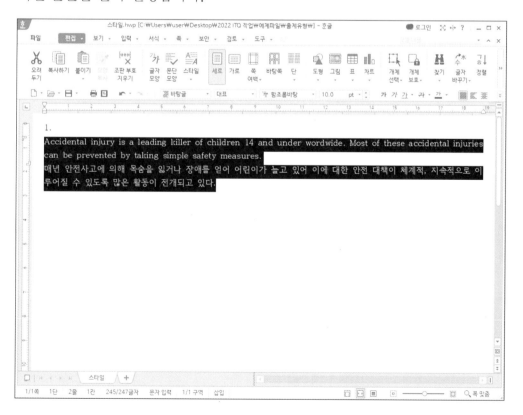

02 ❶[편집] 탭의 [스타일]을 클릭하거나 F6 을 눌러 [스타일]을 불러옵니다. [스타일] 대화상자에서
❷[스타일 추가하기]를 클릭합니다.

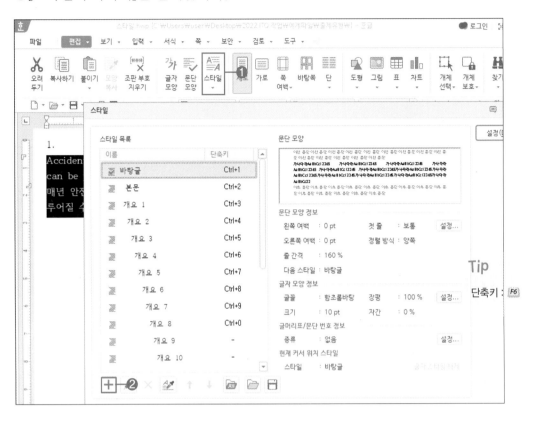

03 [스타일 추가하기] 대화상자의 ❶스타일 이름에 'accident'를 입력하고 ❷[문단 모양]을 클릭합
니다.

04 [문단 모양] 대화상자에서 ❶왼쪽 여백은 '15pt', ❷문단 아래 간격은 '10pt'로 설정하고 ❸[설정] 을 클릭합니다.

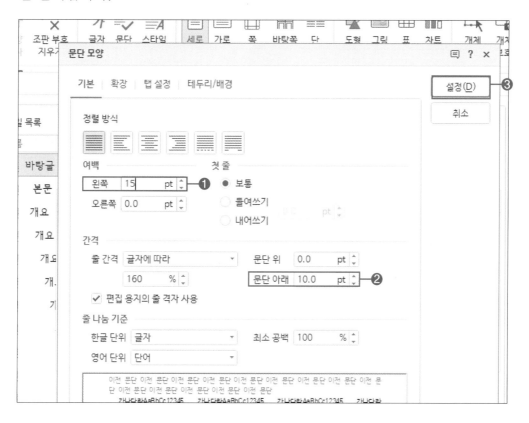

05 [스타일 추가하기] 대화상자에서 ❶[글자 모양]을 클릭합니다. [글자 모양] 대화상자가 나타나면 ❷언어는 '한글', 기준 크기는 '10pt', 글꼴은 '돋움', 장평은 '95%', 자간은 ' - 5%'로 설정합니다.

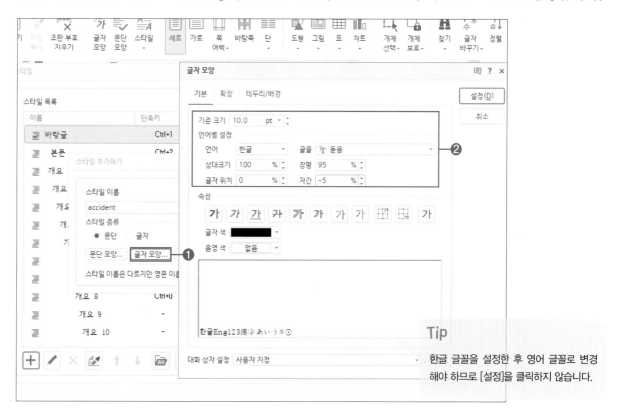

Tip

한글 글꼴을 설정한 후 영어 글꼴로 변경 해야 하므로 [설정]을 클릭하지 않습니다.

06 이번에는 [글자 모양] 대화상자에서 ❶언어는 '영문', 기준 크기는 '10pt', 글꼴은 '궁서', 장평은 '95%', 자간은 ' -5%'로 설정하고 ❷[설정]을 클릭합니다.

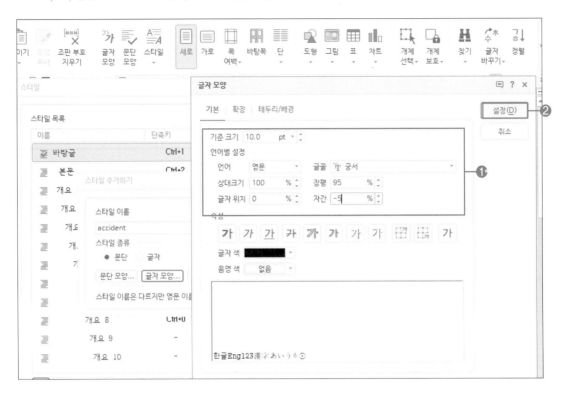

07 설정이 완료되었으면 ❶[추가]를 클릭하고 [스타일] 대화상자에서 ❷[설정]을 클릭합니다. 스타일이 적용된 것을 확인하고 문서의 빈 곳을 클릭하여 블록 지정을 해제합니다.

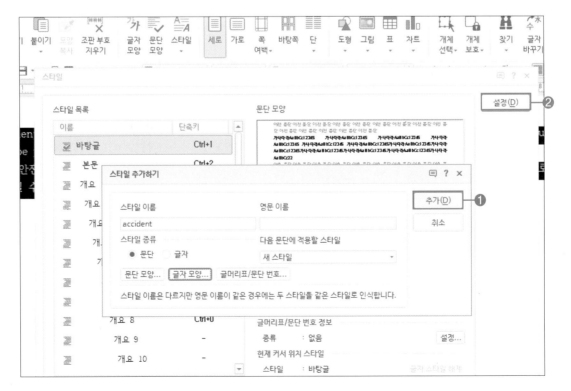

08 맨 마지막 줄에서 Enter 를 눌러 줄을 바꾸고 ❶[스타일] 목록 단추를 클릭하여 스타일을 ❷'바탕 글'로 선택합니다.

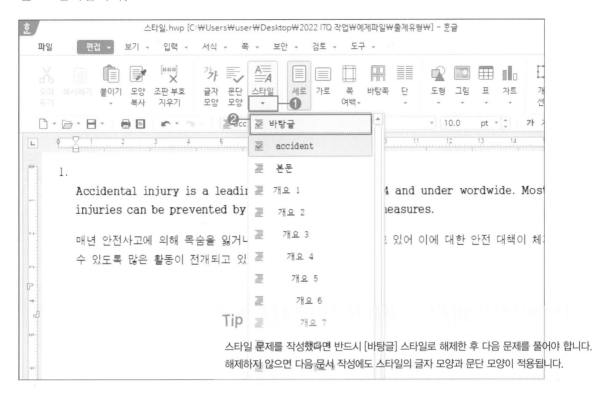

09 Alt + S 를 눌러 저장합니다. [다른 이름으로 저장하기] 대화상자의 [내 PC\문서\ITQ] 폴더에 ❶'수험번호-이름'으로 파일 이름을 입력하고 ❷[저장]을 클릭합니다.

■ ■ 준비파일 : 실력팡팡₩스타일실력.hwp / 완성파일 : 실력팡팡₩스타일실력_완성.hwp

01 다음의 ≪조건≫에 따라 스타일 기능을 적용하여 ≪출력형태≫와 같이 작성하시오. (50점)

조건
(1) 스타일 이름 – achieve
(2) 문단 모양 – 왼쪽 여백 : 15pt, 문단 아래 간격 : 10pt
(3) 글자 모양 – 글꼴 : 한글(굴림)/영문(돋움), 크기 : 10pt, 장평 : 105%, 자간 : −5%

출력형태

1.

For a man to achieve all that is demanded of him, he must regard himself as greater than he is.

어떤 사람이 자신에게 주어진 모든 임무를 달성해내기 위해서는, 자기 자신을 본래의 자기보다 훨씬 더 위대하게 생각해야 한다.

02 다음의 ≪조건≫에 따라 스타일 기능을 적용하여 ≪출력형태≫와 같이 작성하시오. (50점)

조건
(1) 스타일 이름 – illiteate
(2) 문단 모양 – 왼쪽 여백 : 10pt, 문단 아래 간격 : 10pt
(3) 글자 모양 – 글꼴 : 한글(궁서)/영문(돋움), 크기 : 10pt, 장평 : 95%, 자간 : 10%

출력형태

1.

The illiterate of the 21st century will not be those who cannot read and write, but those who cannot learn, unlearn, and relearn(Alvin Toffler).

21세기의 문맹자는 글을 읽을 줄 모르는 사람이 아니라 학습하고, 교정하고 재학습하는 능력이 없는 사람이다(앨빈 토플러).

03 다음의 ≪조건≫에 따라 스타일 기능을 적용하여 ≪출력형태≫와 같이 작성하시오. (50점)

조건
(1) 스타일 이름 – brain
(2) 문단 모양 – 왼쪽 여백 : 15pt, 문단 위 간격 : 10pt
(3) 글자 모양 – 글꼴 : 한글(돋움)/영문(굴림), 크기 : 10pt, 장평 : 110%, 자간 : −5%

출력형태

1.

We are an intelligent species and the use of our intelligence quite properly gives us pleasure. In this respect the brain is like a muscle. When it is in use we feel very good. Understanding is joyous.

사람은 지성적 존재이므로 당연히 지성을 사용할 때 기쁨을 느낀다. 이런 의미에서 두뇌는 근육과 같은 성격을 갖는다. 두뇌를 사용할 때 우리는 기분이 매우 좋다. 이해한다는 것은 즐거운 일이다.

04 다음의 ≪조건≫에 따라 스타일 기능을 적용하여 ≪출력형태≫와 같이 작성하시오. (50점)

조건
(1) 스타일 이름 – choice
(2) 문단 모양 – 왼쪽 여백 : 10pt, 문단 위 간격 : 10pt
(3) 글자 모양 – 글꼴 : 한글(궁서)/영문(돋움), 크기 : 10pt, 장평 : 97%, 자간 : 5%

출력형태

1.

For what is the best choice, for each individual is the highest it is possible for him to achieve.

개개인에 있어서 최고의 선택은 그 자신이 성취할 수 있는 곳에서 최고가 되는 것이다.

05 다음의 ≪조건≫에 따라 스타일 기능을 적용하여 ≪출력형태≫와 같이 작성하시오. (50점)

조건
(1) 스타일 이름 – heart
(2) 문단 모양 – 첫 줄 들여쓰기 : 10pt, 문단 아래 간격 : 10pt
(3) 글자 모양 – 글꼴 : 한글(굴림)/영문(궁서), 크기 : 10pt, 장평 : 120%, 자간 : 5%

출력형태

1.

The best and most beautiful things in the world cannot be seen of even touched. They must be felt with the heart.

세상에서 가장 아름답고 소중한 것은 보이거나 만져지지 않는다. 단지 가슴으로만 느낄 수 있다.

06 다음의 ≪조건≫에 따라 스타일 기능을 적용하여 ≪출력형태≫와 같이 작성하시오. (50점)

조건
(1) 스타일 이름 – travel
(2) 문단 모양 – 첫 줄 들여쓰기 : 10pt, 문단 위 간격 : 10pt
(3) 글자 모양 – 글꼴 : 한글(궁서)/영문(굴림), 크기 : 10pt, 장평 : 95%, 자간 : –5%

출력형태

1.

We are all travelling through time together, everyday of our lives. All we can do is do our best to relish this remarkable ride.

우리는 삶 곳의 매일을 여행하고 있다. 우리가 할 수 있는 것은 이 훌륭한 여행을 즐기기 위해 최선을 다하는 것이다.

기능평가 Ⅰ - 표

표는 문서에서 중요한 역할을 합니다. 복잡한 문서를 보기 쉽게 정리할 수 있고 합계, 평균 등의 계산할 때 유용합니다. 표 내용을 작성하고, 보기 좋게 정렬하고, 디자인 요소를 더해 봅니다. 또한 표의 계산 기능과 캡션 기능을 학습해 봅니다.

표 삽입하기

- [입력] 탭의 목록 단추를 클릭하여 [표]를 선택하거나 [입력] 탭 또는 [편집] 탭의 [표]를 클릭해 표를 삽입합니다.
- **Ctrl** + **N**, **T**를 눌러 '줄/칸' 수를 입력하여 표를 만들 수 있습니다.
- '글자처럼 취급'에 체크한 후 [만들기]를 클릭합니다.
- '글자처럼 취급'에 체크하면 표가 글자처럼 취급되어 내용 수정할 때 표의 위치가 변경됩니다.

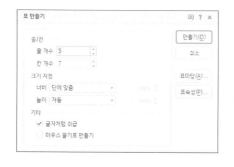

Tip

F5를 한 번 누르면 하나의 셀이 블록 설정됩니다.

연속/비연속 셀 블록 설정하기

- 연속된 셀 블록을 설정하려면 마우스로 드래그하거나 셀 블록의 시작 셀을 클릭하고 **Shift**를 누르고 마지막 셀을 클릭합니다.
- 떨어져 있는 셀 블록을 설정하려면 **Ctrl**을 누르고 셀을 클릭합니다.

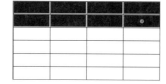 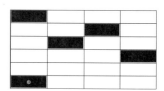

셀 크기 조절하기

- 마우스로 크기를 조절할 때는 가로선이나 세로선을 드래그하여 크기를 조절할 수 있습니다.
- 방향키를 이용할 때는 셀 블록을 설정하고 **Ctrl**+방향키로 선택된 셀을 포함하는 행과 열의 크기를 조절할 수 있으며 표의 전체 크기가 같이 조절됩니다.
- 셀 블록을 설정하고 **Alt**+방향키로 선택된 셀을 포함하는 행과 열의 크기를 조절할 수 있으며 표의 전체 크기는 조절되지 않습니다.
- 셀 블록을 설정하고 **Shift**+방향키를 누르면 선택된 셀의 높이나 너비가 조절됩니다. 표 전체 크기는 조절되지 않습니다.

⬤ 셀 너비를 같게/셀 높이를 같게

- 셀 블록을 설정한 다음, 마우스 오른쪽 버튼을 눌러 [셀 너비를 같게]를 클릭하거나 [표] 탭의 [셀 너비를 같게]를 클릭하면 블록으로 설정한 셀의 너비가 같아집니다.

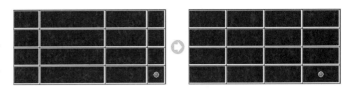

- 셀 블록을 설정한 다음, 마우스 오른쪽 버튼을 눌러 [셀 높이를 같게]를 클릭하거나 [표] 탭의 [셀 높이를 같게]를 클릭하면 블록으로 설정한 셀의 높이가 같아집니다.

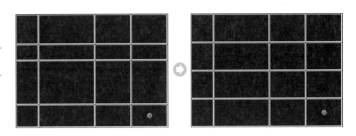

⬤ 줄/칸 삽입과 삭제하기

- 줄이나 칸을 추가하려면 삽입될 위치에서 마우스 오른쪽 버튼을 눌러 [줄/칸 추가하기]를 클릭하여 원하는 위치에 줄이나 칸을 추가합니다.
- 행이나 열을 삭제하려면 삭제할 행이나 열에 커서를 위치한 후 마우스 오른쪽 버튼을 눌러 [줄/칸 지우기]를 클릭하여 칸 또는 줄을 지웁니다.

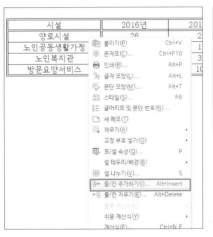

Tip

· 줄 삽입 단축키 : Ctrl + Enter

· 줄/칸 삽입 : Alt + Insert

· 줄/칸 삭제 : Alt + Delete

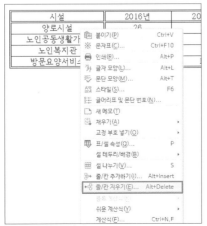

셀 합치기와 셀 나누기

- 셀을 합칠 때 합칠 셀을 블록으로 설정하고 마우스 오른쪽 버튼을 눌러 [셀 합치기]를 클릭하거나 M을 누릅니다.
- 셀을 나눌 때 나눌 셀을 블록 설정하고 마우스 오른쪽 버튼을 눌러 [셀 나누기]를 선택하여 줄 또는 칸 수를 입력해 원하는 만큼 줄 또는 칸을 나눕니다. 또는 나눌 셀을 블록 설정해 S를 눌러 셀 나누기를 할 수 있습니다.

셀 테두리 설정하기

- 테두리를 적용할 셀을 블록 설정한 후, 활성화된 [표] 탭의 목록 단추를 클릭하여 [셀 테두리/배경]의 [각 셀마다 적용]을 선택하거나 마우스 오른쪽 버튼을 눌러 [셀 테두리/배경]-[각 셀마다 적용]을 클릭합니다.
- [셀 테두리/배경] 대화상자의 [테두리] 탭에서 테두리 종류와 색을 선택하고 미리보기 창에서 적용될 테두리를 선택합니다.
- [셀 테두리/배경] 대화상자의 [대각선] 탭에서 대각선 방향을 선택할 수 있습니다.
- 테두리를 적용할 셀을 블록 설정해 L을 눌러 셀 테두리나 배경을 설정할 수도 있습니다.

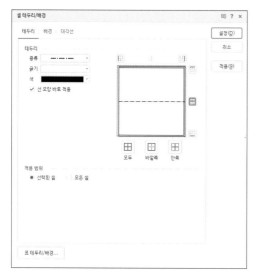 

- 활성화된 [표] 탭에서 셀 테두리 및 테두리 색과 테두리 모양/굵기 등을 빠르게 선택할 수 있습니다.

셀 배경 설정하기

- 배경색을 적용할 셀을 블록 설정한 후, 활성화된 [표 레이아웃] 탭의 목록 단추를 클릭하여 [셀 테두리/배경]의 [각 셀마다 적용]을 선택하거나 마우스 오른쪽 버튼을 눌러 [셀 테두리/배경]-[각 셀마다 적용]을 클릭합니다.
- [셀 테두리/배경] 대화상자의 [배경] 탭에서 채우기 색을 선택하거나 그라데이션의 '시작 색'과 '끝 색', '유형' 등을 설정할 수 있습니다.
- 배경색을 적용할 셀을 블록 설정해 C를 눌러 셀 배경을 설정할 수도 있습니다.

캡션 달기

- 표를 선택하고 마우스 오른쪽 버튼을 눌러 [캡션 넣기]를 클릭하거나 활성화된 [표] 탭의 [캡션]을 클릭합니다. 또는 Ctrl + N, C를 눌러 캡션을 넣을 수도 있습니다.
- 캡션 내용을 입력하고 본문 영역을 클릭하거나 Shift + Esc를 눌러 캡션 영역이 나와야 캡션이 완성됩니다.
- 캡션을 삭제하려면 캡션 영역에서 마우스 오른쪽 버튼을 눌러 [캡션 없음]을 클릭하면 삭제됩니다.

캡션 수정하기

- 캡션을 수정할 때 캡션 영역을 클릭하면 내용을 수정할 수 있습니다.
- 표를 선택한 상태에서 마우스 오른쪽 버튼을 눌러 [개체 속성]을 클릭합니다. [표/셀 속성] 대화상자에서 [여백/캡션] 탭에서 캡션의 위치 등을 설정할 수 있습니다. 또는 Ctrl + N, K를 눌러 [표/셀 속성] 대화상자의 [여백/캡션] 탭에서 캡션의 위치 등을 설정할 수 있습니다.

- 활성화된 [표] 탭의 [캡션]에서 위치를 수정할 수 있습니다.
- 캡션의 위치는 위, 왼쪽 위, 왼쪽 가운데, 왼쪽 아래, 오른쪽 위, 오른쪽 가운데, 오른쪽 아래, 아래 중에서 선택할 수 있습니다.

블록 계산식 적용하기

- 계산식에 사용할 숫자가 입력된 셀과 계산식의 결과 값이 들어갈 셀을 블록으로 설정하고 마우스 오른쪽 버튼을 눌러 [블록 계산식]의 하위 메뉴를 선택합니다.

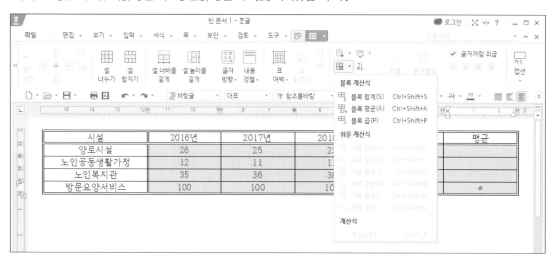

- 활성화된 [표] 탭의 [계산식]을 클릭해 하위 메뉴에서 원하는 블록 계산을 설정할 수 있으며 하위 메뉴는 [블록 합계], [블록 평균], [블록 곱]이 있습니다.

- 블록 계산식을 적용한 이후에 일부 셀에 입력된 값을 수정하면 그 값이 반영되어 자동으로 결과 값도 변경됩니다.

계산식 수정하기

- 계산식이 적용된 셀에서 마우스 오른쪽 버튼을 눌러 [계산식 고치기]를 클릭합니다.
- [계산식] 대화상자에서 형식의 목록 단추를 눌러 정수형이나 소수점 이하의 자릿 수를 설정할 수 있습니다.

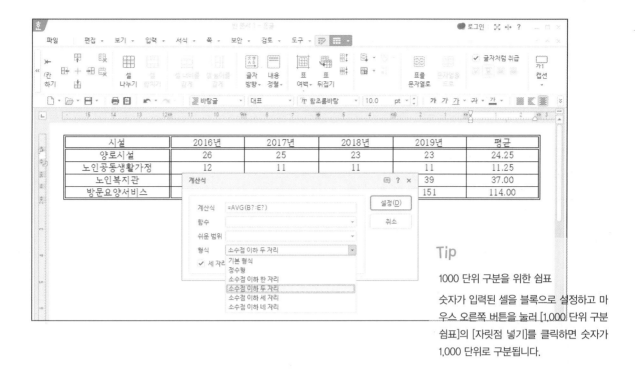

양로시설 26 25 23 23 24.25
노인공동생활가정 12 11 11 11 11.25
노인복지관 | 39 | 37.00
방문요양서비스 | 151 | 114.00

계산식
계산식   =AVG(B?:E?)   설정(D)
함수   취소
쉬운 범위
형식   소수점 이하 두 자리
        기본 형식
    ✓ 세 자리 정수형
        소수점 이하 한 자리
        소수점 이하 두 자리
        소수점 이하 세 자리
        소수점 이하 네 자리

Tip

1000 단위 구분을 위한 쉼표

숫자가 입력된 셀을 블록으로 설정하고 마우스 오른쪽 버튼을 눌러 [1,000 단위 구분 쉼표]의 [자릿점 넣기]를 클릭하면 숫자가 1,000 단위로 구분됩니다.

출제유형 따라하기

■ ■ 완성파일 : 출제유형₩표_완성.hwp

시험에서는 section04에서 다룰 '차트'와 함께 한 문제로 출제됩니다.

다음의 ≪조건≫에 따라 ≪출력형태≫와 같이 표를 작성하시오.   (100점)

조건
(1) 표 전체(표, 캡션) – 굴림, 10pt
(2) 정렬 – 문자 : 가운데 정렬, 숫자 : 오른쪽 정렬
(3) 셀 배경(면 색) : 노랑
(4) 한글의 계산 기능을 이용하여 빈칸에 평균(소수점 두자리)을 구하고, 캡션 기능을 사용할 것
(5) 선 모양은 ≪출력형태≫와 동일하게 처리할 것

출력형태

가상증강현실 엑스포 연령별 참관객 현황(단위 : 십 명)

구분	첫째 날	둘째 날	셋째 날	넷째 날	평균
초중고 학생	98	102	88	91	
대학생	124	96	105	186	
직장인	105	125	135	142	
기타	121	84	164	146	

01 문제번호 '2.'를 입력하고 **Enter** 를 누른 다음 ❶[입력] 탭의 ❷[표]를 클릭합니다. [표 만들기] 대화상자에서 ❸줄 수는 '5', 칸 수는 '6'을 입력하고 기타의 ❹'글자처럼 취급'에 체크한 다음 ❺[만들기]를 클릭합니다.

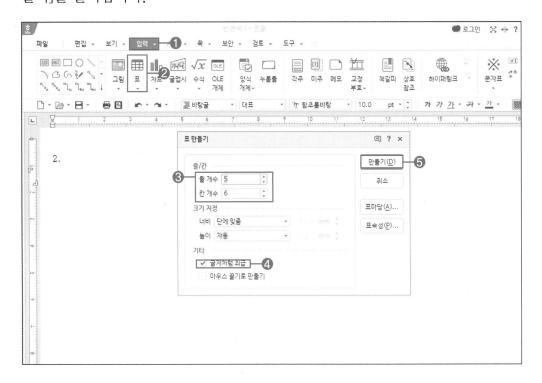

02 ≪출력형태≫와 같이 표 안에 내용을 입력합니다. 숫자가 입력된 셀과 결과 값이 들어갈 셀을 블록으로 설정하고 마우스 오른쪽 버튼을 눌러 ❶[블록 계산식]의 ❷[블록 평균]을 클릭합니다.

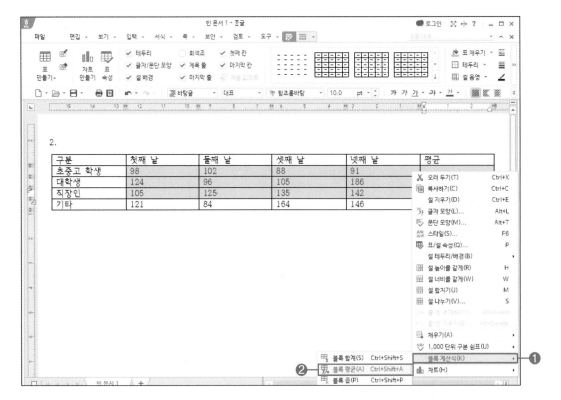

구분	첫째 날	둘째 날	셋째 날	넷째 날	평균
초중고 학생	98	102	88	91	
대학생	124	96	105	186	
직장인	105	125	135	142	
기타	121	84	164	146	

03 숫자가 입력되어 있는 셀을 블록 설정한 다음 서식 도구 상자에서 ❶글꼴은 '굴림', 글자 크기는 '10pt', 정렬 방식은 '오른쪽 정렬'로 설정합니다.

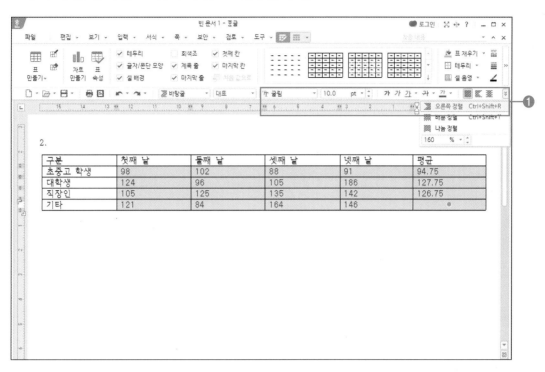

04 Ctrl 을 눌러 다음과 같이 셀을 블록 설정한 다음 ❶글꼴은 '굴림', 글자 크기는 '10pt', 정렬 방식은 '가운데 정렬'로 설정합니다.

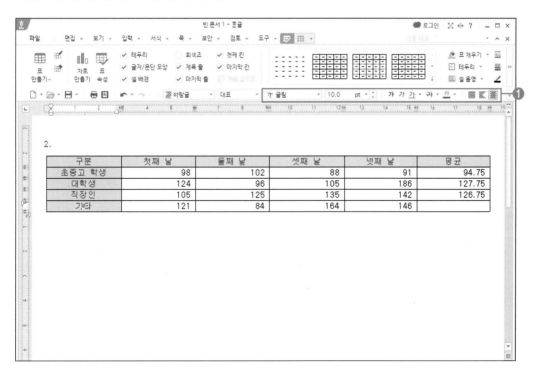

01 표 전체를 블록으로 설정하고 마우스 오른쪽 버튼을 눌러 ❶[셀 테두리/배경]-[각 셀마다 적용]을 클릭합니다.

Tip

블록이 설정된 다음 L을 누르면 [셀 테두리/배경] 대화상자를 쉽게 불러올 수 있습니다.

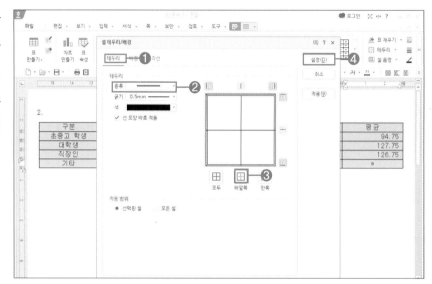

02 [셀 테두리/배경] 대화상자의 ❶[테두리] 탭에서 테두리의 ❷종류는 '이중 실선', ❸적용 위치를 '바깥쪽'으로 선택하고 ❹[설정]을 클릭합니다.

03 1행 전체를 블록으로 설정하고 마우스 오른쪽 버튼을 눌러 ❶[셀 테두리/배경]-[각 셀마다 적용]을 클릭합니다.

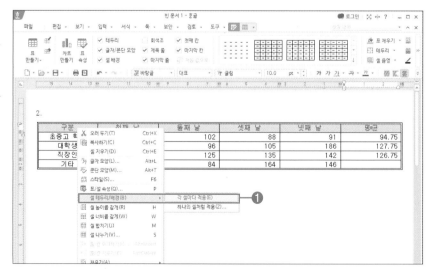

04 [셀 테두리/배경] 대화상자의 ❶[테두리] 탭에서 ❷테두리의 종류는 '이중 실선', ❸적용 위치를 '아래쪽'으로 선택하고 ❹[설정]을 클릭합니다.

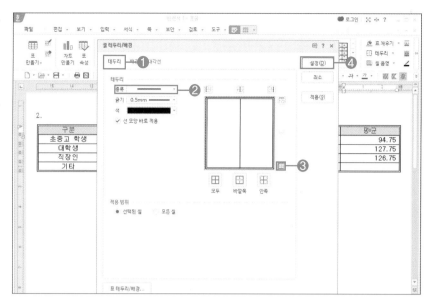

05 ≪출력형태≫와 같이 대각선을 넣기 위해 셀을 블록으로 설정한 후, 마우스 오른쪽 버튼을 눌러 ❶[셀 테두리/배경]의 [각 셀마다 적용]을 클릭합니다.

Tip
단축키 : F5

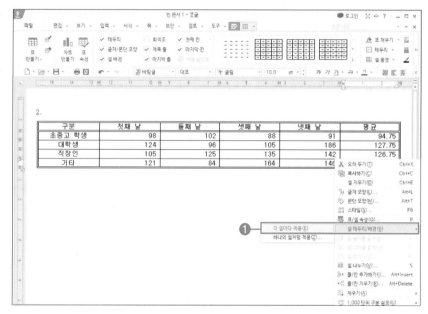

06 [셀 테두리/배경] 대화상자의 ❶[대각선] 탭에서 ≪출력형태≫와 같은 ❷대각선을 선택하고 ❸[설정]을 클릭합니다.

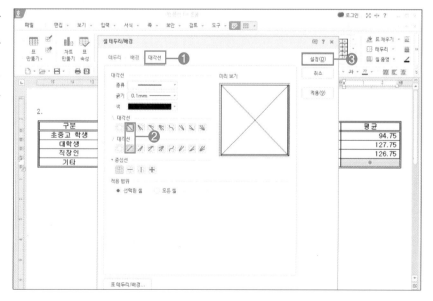

07 배경색을 설정할 셀을 블록
으로 설정한 다음 마우스
오른쪽 버튼을 눌러 ❶[셀
테두리/배경]-[각 셀마다
적용]을 클릭합니다.

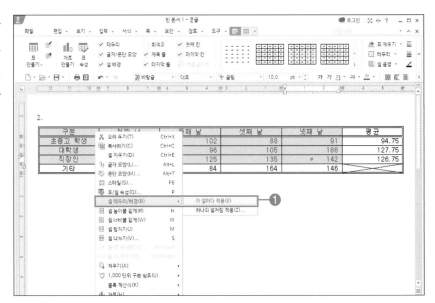

08 [셀 테두리/배경] 대화상자
의 ❶[배경] 탭에서 ❷'색'을
클릭하고 ❸면 색의 목록
단추를 클릭하여 ❹색상 테
마 버튼의 ❺'오피스'를 선
택합니다.

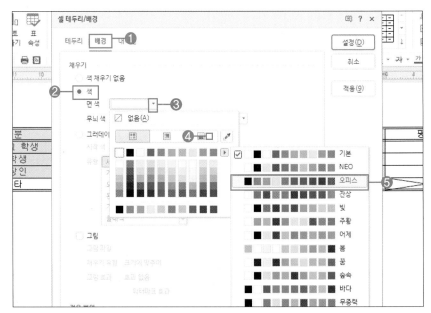

09 변경된 면 색의 색상 목록
에서 ❶'노랑'을 선택하고
❷[설정]을 클릭합니다.

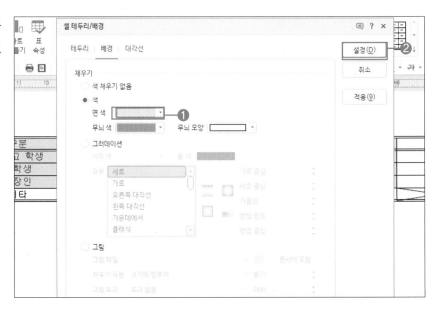

01 표를 선택한 다음, 활성화된 [표 레이아웃] 탭에서 ❶[캡션]의 목록 단추를 클릭하여 ❷[위]를 선택합니다.

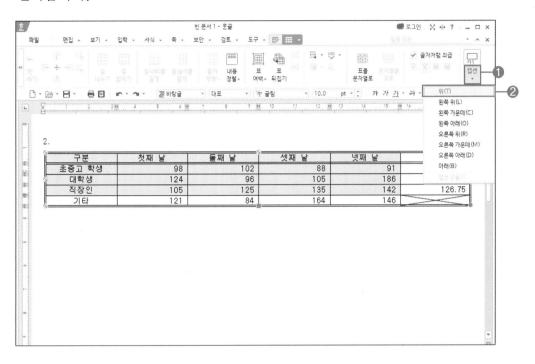

02 캡션 번호인 '표 1' 대신 ≪출력형태≫와 같이 내용을 입력합니다. 입력한 캡션 내용의 ❶글꼴은 '굴림', 글자 크기는 '10pt', 정렬은 '오른쪽 정렬'로 설정하고 본문 영역을 클릭하여 캡션 영역을 빠져나옵니다. 셀 크기를 적당히 조절하여 표를 완성합니다.

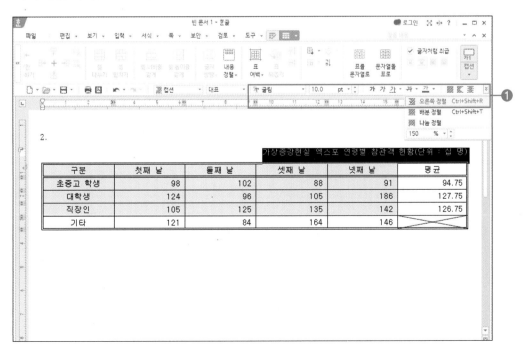

■ ■ 완성파일 : 실력팡팡\표예제_완성.hwp

01 다음의 ≪조건≫에 따라 ≪출력형태≫와 같이 표를 작성하시오. (50점)

조건
(1) 표 전체(표, 캡션) – 궁서, 10pt
(2) 정렬 – 문자 : 가운데 정렬, 숫자 : 오른쪽 정렬
(3) 셀 배경(면 색) : 노랑
(4) 한글의 계산 기능을 이용하여 빈칸에 합계를 구하고, 캡션 기능을 사용할 것
(5) 선 모양은 ≪출력형태≫와 동일하게 처리할 것

출력형태

2.

부서별 출장내역서

구분	건축과	기획과	무역과	총무과	정보통신과
숙박비	200,000	100,000	250,000	120,000	180,000
교통비	300,000	275,000	220,000	330,000	235,000
식비	225,000	150,000	310,000	250,000	200,000
합계					

02 다음의 ≪조건≫에 따라 ≪출력형태≫와 같이 표를 작성하시오. (50점)

조건
(1) 표 전체(표, 캡션) – 돋움, 10pt
(2) 정렬 – 문자 : 가운데 정렬, 숫자 : 오른쪽 정렬
(3) 셀 배경(면 색) : 노랑
(4) 한글의 계산 기능을 이용하여 빈칸에 합계를 구하고, 캡션 기능을 사용할 것
(5) 선 모양은 ≪출력형태≫와 동일하게 처리할 것

출력형태

2.

학사원예마을 작물현황(단위 : 천)

작물 종류	2015년	2016년	2017년	2018년	2019년
근채류	5,500	6,820	5,430	9,040	9,150
과채류	2,300	3,000	4,330	5,070	6,500
엽채류	2,700	3,500	5,100	7,000	8,200
합계					

03 다음의 ≪조건≫에 따라 ≪출력형태≫와 같이 표를 작성하시오. (50점)

조건
(1) 표 전체(표, 캡션) – 굴림, 10pt
(2) 정렬 – 문자 : 가운데 정렬, 숫자 : 오른쪽 정렬
(3) 셀 배경(면 색) : 노랑
(4) 한글의 계산 기능을 이용하여 빈칸에 평균(소수점 두자리)을 구하고, 캡션 기능을 사용할 것
(5) 선 모양은 ≪출력형태≫와 동일하게 처리할 것

출력형태
2.

분기별 매출실적

지역	1분기	2분기	3분기	4분기	평균
서울	85	60	75	55	
경기	110	50	65	80	
김해	90	75	100	60	
광주	80	95	90	90	

04 다음의 ≪조건≫에 따라 ≪출력형태≫와 같이 표를 작성하시오. (50점)

조건
(1) 표 전체(표, 캡션) – 굴림, 10pt
(2) 정렬 – 문자 : 가운데 정렬, 숫자 : 오른쪽 정렬
(3) 셀 배경(면 색) : 노랑
(4) 한글의 계산 기능을 이용하여 빈칸에 평균(소수점 두자리)을 구하고, 캡션 기능을 사용할 것
(5) 선 모양은 ≪출력형태≫와 동일하게 처리할 것

출력형태
2.

OA 성적현황

이름	워드프로세서	스프레드시트	프레젠테이션	검색활용	평균
김화영	100	90	85	95	
고경운	90	100	100	85	
박재웅	90	82	100	90	
최자영	85	95	90	100	

기능평가 Ⅰ – 차트

04 Section

표를 작성하고 이를 이용하여 간단한 차트를 작성할 수 있는 능력을 평가합니다. 차트를 구성하는 요소를 알아보고 차트 서식을 설정해 봅니다.

차트 만들기

- 차트로 만들 표의 셀을 블록 설정하고 [입력] 탭의 [차트]를 클릭합니다.
- 차트를 더블 클릭하면 차트를 편집할 수 있습니다.
- 삽입한 차트를 선택한 다음 활성화된 [차트] 탭에서 차트 속성, 차트 모양, 차트 색상, 차트 계열, 범례 등을 설정할 수 있는 서식이나 옵션을 선택할 수 있습니다.

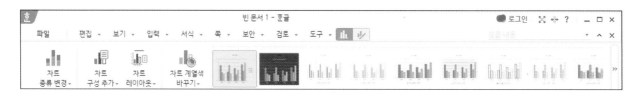

차트 구성 요소 알아보기

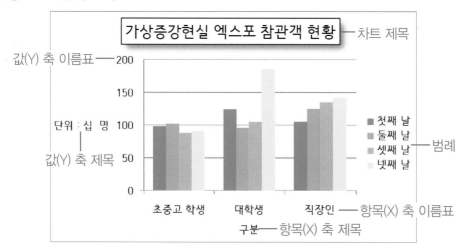

차트 데이터 편집하기

- 차트를 선택한 다음, 활성화된 [차트 디자인] 탭에서 [차트 데이터 편집]을 클릭하거나 차트를 클릭하여 차트 편집 상태로 만든 다음 마우스 오른쪽 버튼을 눌러 [데이터 편집]을 클릭하면 데이터를 입력하거나 수정할 수 있습니다.

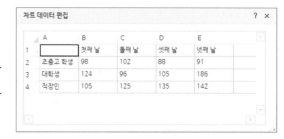

- 차트를 선택한 다음, 활성화된 [차트 디자인] 탭의 [줄/칸 전환]을 클릭하면 행과 열을 바꿀 수 있습니다.

차트 종류 변경하기

- 차트를 클릭하여 편집 상태로 만든 다음 [차트 디자인] 탭을 클릭합니다. [차트 종류 변경]을 클릭하여 차트의 종류를 선택합니다.

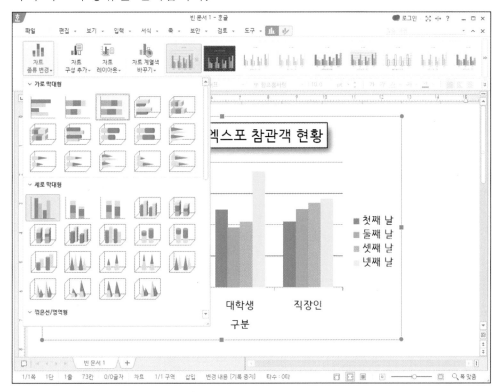

차트 제목 설정하기

- 차트 제목을 선택하고 마우스 오른쪽 버튼을 눌러 [제목 편집]을 클릭하여 차트 제목을 수정할 수 있습니다.
- 차트 제목을 더블 클릭하여 나타난 [개체 속성] 창에서 차트 제목의 배경색과 테두리, 글자 속성, 글자 효과, 크기 및 속성 등을 변경할 수 있습니다.
- [그리기 속성]의 [채우기]에서 차트 제목의 배경색과 테두리를 설정할 수 있습니다.
- [효과]의 [그림자]에서 차트 제목의 그림자를 설정할 수 있습니다.

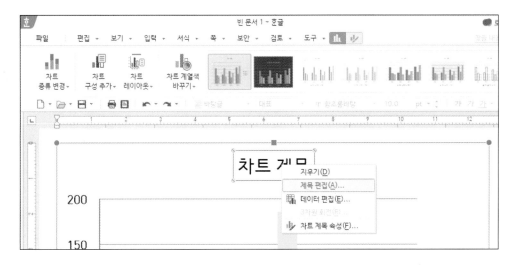

축 제목 모양 설정하기

- Y축 제목을 선택하고 마우스 오른쪽 버튼을 눌러 [제목 편집]을 클릭하여 축 제목을 설정할 수 있습니다.

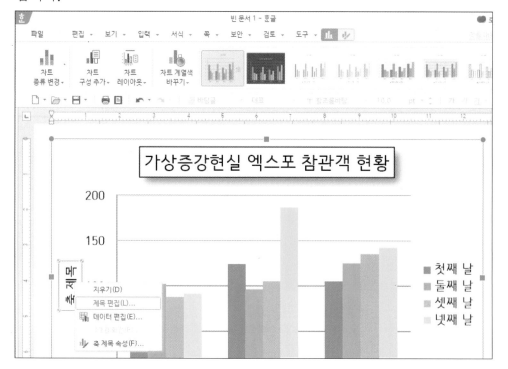

- 축 제목을 더블 클릭하여 나타난 오른쪽의 [개체 속성] 창에서 채우기와 테두리, 글자 방향을 변경할 수 있습니다.
- [크기 및 속성]을 클릭하여 글상자의 글자 방향을 변경할 수 있습니다.

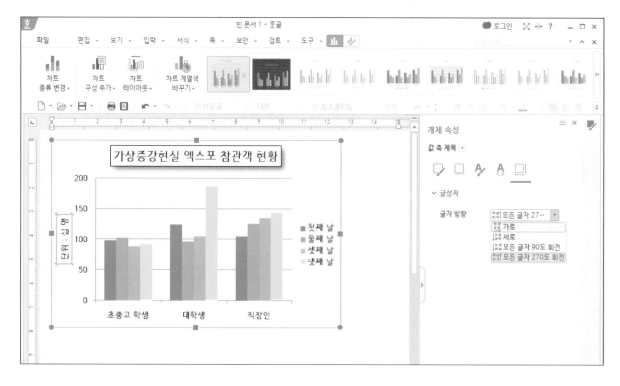

🌐 축 모양 설정하기

- 축 눈금선을 더블 클릭하거나 마우스 오른쪽 버튼을 눌러 [축]-[속성]을 선택합니다.
- [개체 속성] 창의 축 속성에서 축의 최솟값과 최댓값을 설정할 수 있습니다.
- [축 속성]의 [단위]의 [주]에서 눈금의 수를 설정할 수 있습니다.

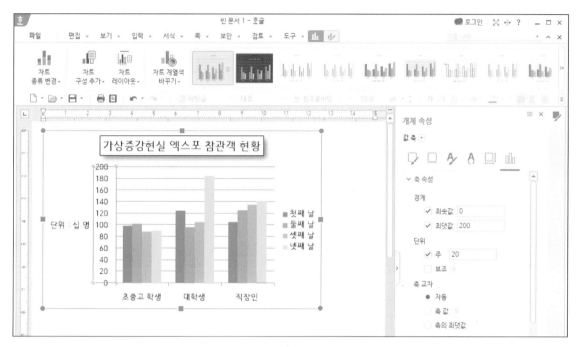

🌐 범례 설정하기

- 차트 편집 상태에서 범례를 더블 클릭하거나 마우스 오른쪽 버튼을 누르고 [범례 속성]을 클릭하여 범례를 설정할 수 있습니다.
- [개체 속성] 창에서 범례 속성의 범례 위치를 설정할 수 있습니다.

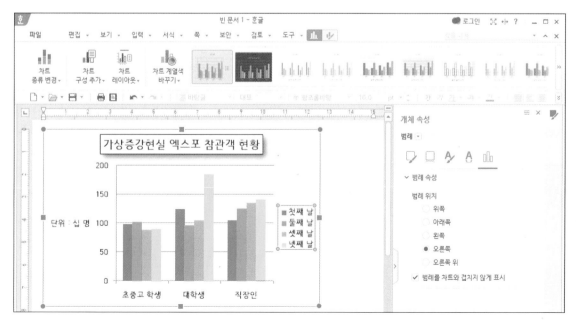

■ ■ 준비파일 : 출제유형₩차트.hwp / 완성파일 : 출제유형₩차트_완성.hwp

먼저 표를 작성하고 표 내용에 의해 차트를 작성하는 문제입니다. 차트 종류, 차트 서식 지정 등의 조건들을 지키며 차트를 완성시킵니다. 표와 차트 작성을 함께 묶어 배점은 100점입니다.

다음의 ≪조건≫에 따라 ≪출력형태≫와 같이 표와 차트를 작성하시오.   (100점)

표 조건
(1) 표 전체(표, 캡션) - 돋움, 10pt
(2) 정렬 - 문자 : 가운데 정렬, 숫자 : 오른쪽 정렬
(3) 셀 배경(면 색) : 노랑
(4) 한글의 계산 기능을 이용하여 빈칸에 합계를 구하고, 캡션 기능 사용할 것
(5) 선 모양은 ≪출력형태≫와 동일하게 처리할 것

출력형태

어린이 교통사고 건수(단위 : 건)

지역	2017년	2018년	2019년	2022년	합계
안양시	63	85	67	44	259
광명시	59	68	61	33	221
하남시	45	51	71	60	227
이천시	51	45	64	53	✕

차트 조건
(1) 차트 데이터는 표 내용에서 연도별 안양시, 광명시, 하남시의 필요의 값만 이용할 것
(2) 종류 - 〈묶은 세로 막대형〉으로 작업할 것
(3) 제목 - 돋움, 진하게, 12pt, 속성 - 채우기(하양), 테두리, 그림자(대각선 오른쪽 아래)
(4) 제목 이외의 전체 글꼴 - 돋움, 보통, 10pt
(5) 축 제목과 범례는 ≪출력형태≫와 동일하게 처리할 것

출력형태

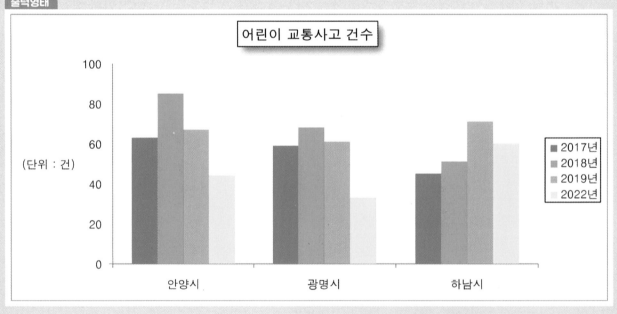

01 준비파일을 불러옵니다. 미리 작성된 표 위에 문제번호 '2.'를 입력하고 Enter 를 누릅니다. 표에서 차트에 사용할 ❶데이터 범위를 블록으로 지정하고 활성화된 ❷[표 디자인] 탭의 ❸[차트 만들기]를 클릭합니다.

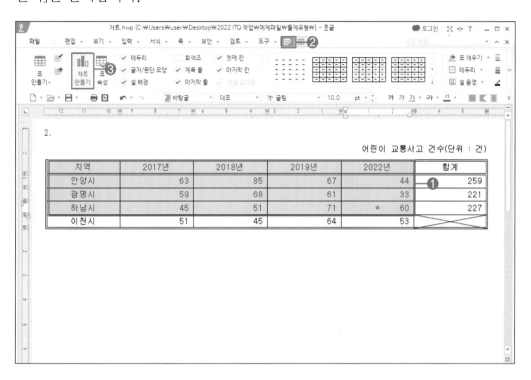

02 [차트 데이터 편집] 대화상자가 나타나면 ❶[닫기]를 클릭하여 창을 닫습니다.

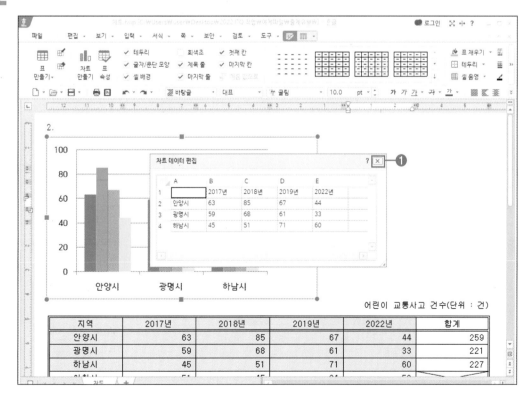

03 삽입된 차트를 선택하고 작성한 표 아래로 드래그하여 이동합니다.

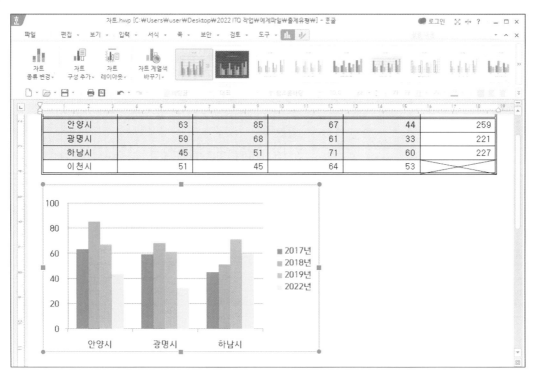

04 차트의 크기 조절점을 드래그하여 표의 크기와 비슷하게 조절합니다.

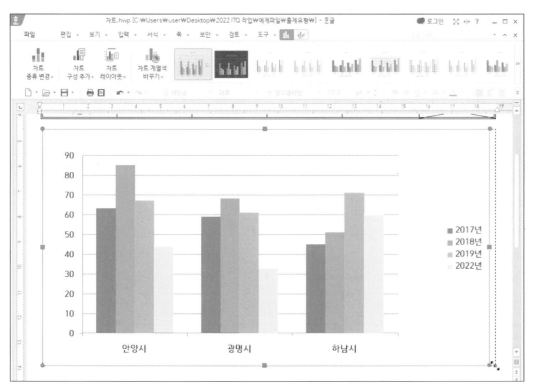

01 차트가 선택된 상태에서 ❶[차트 디자인] 탭의 ❷[차트 구성 추가]를 클릭합니다. ❸[차트 제목] 의 ❹[위쪽]을 선택합니다.

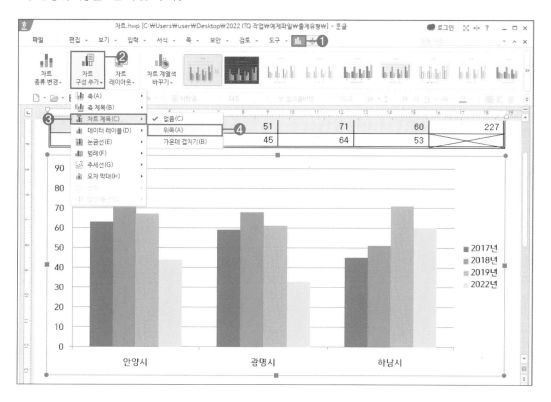

02 차트 제목이 삽입됩니다. 차트가 선택된 상태에서 차트 제목을 한번 더 클릭하고 마우스 오른쪽 버튼을 눌러 ❶[제목 편집]을 클릭합니다.

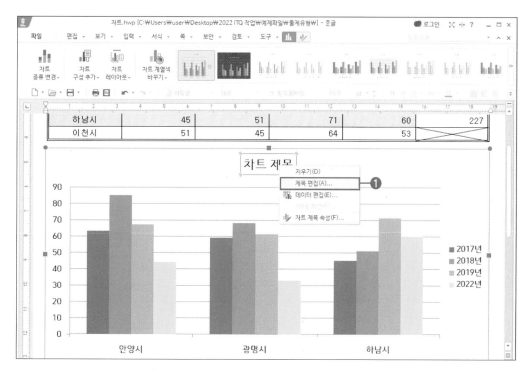

03 [차트 글자 모양] 대화상자가 나타나면 글자 내용에 ❶'어린이 교통사고 건수'를 입력합니다. 언어별 설정에서 ❷한글 글꼴과 영어 글꼴을 '돋움', 속성에서 ❸'진하게'와 크기를 '12'로 입력하고 ❹ [설정]을 클릭합니다.

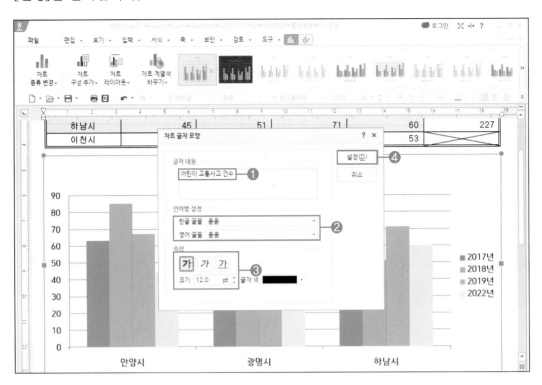

04 차트 제목을 다시 선택하고 마우스 오른쪽 버튼을 눌러 ❶[차트 제목 속성]을 클릭합니다.

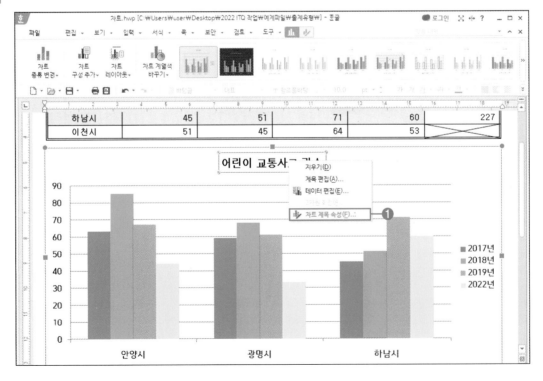

05 오른쪽에 [개체 속성] 창이 나타납니다. 차트 제목의 ❶[그리기 속성]에서 ❷[채우기]의 [밝은 색], ❸[선]은 [어두운 색]을 클릭합니다.

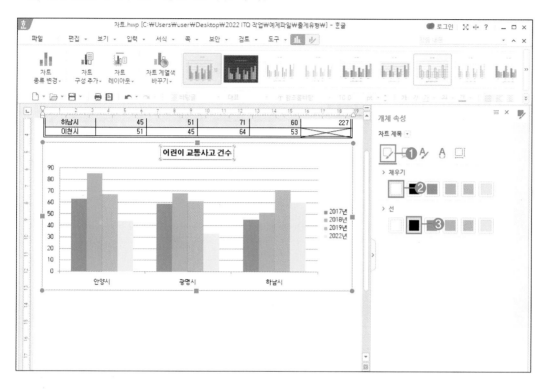

06 [개체 속성] 창에서 ❶[효과]를 클릭합니다. [그림자]에서 ❷[대각선 오른쪽 아래]를 선택하고 ❸ [개체 속성] 창을 닫습니다.

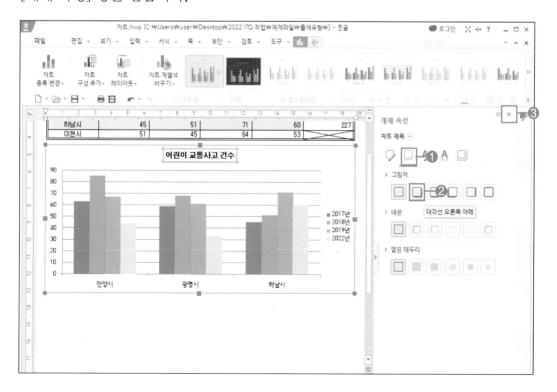

01 차트를 선택하고 활성화된 ❶[차트 디자인] 탭에서 ❷[차트 구성 추가]를 클릭하고 ❸[축 제목]의 ❹[기본 세로]를 선택합니다.

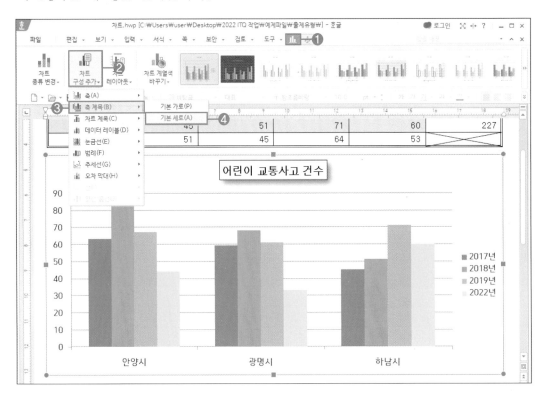

02 차트가 선택된 상태에서 삽입된 ❶[축 제목]을 한번 더 클릭합니다. 마우스 오른쪽 버튼을 눌러 ❷[제목 편집]을 선택합니다.

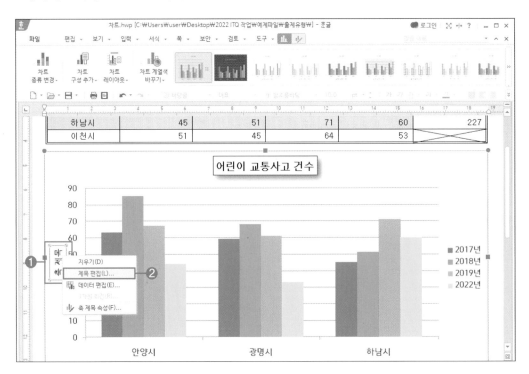

03 [차트 글자 모양] 대화상자가 나타나면 글자 내용에 ❶ "(단위 :건)"을 입력합니다. 언어별 설정에서 ❷한글 글꼴과 영어 글꼴을 '돋움', ❸크기를 "10"으로 입력하고 [설정]을 클릭합니다.

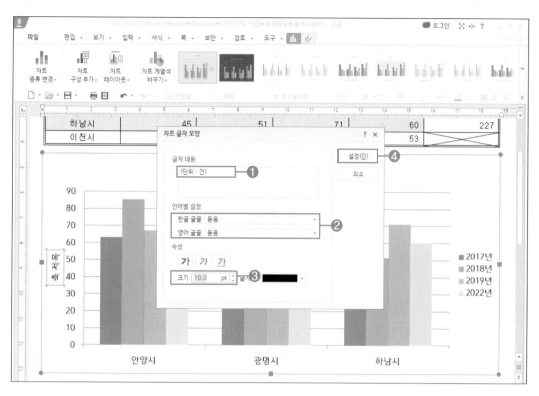

04 축 제목을 더블 클릭하거나 마우스 오른쪽 버튼을 눌러 [축 제목 속성]을 클릭합니다. [개체 속성] 창의 ❶[크기 및 속성]을 클릭하고 ❷[글상자]의 글자 방향을 [가로]로 선택합니다. ❸[개체 속성] 창을 닫습니다.

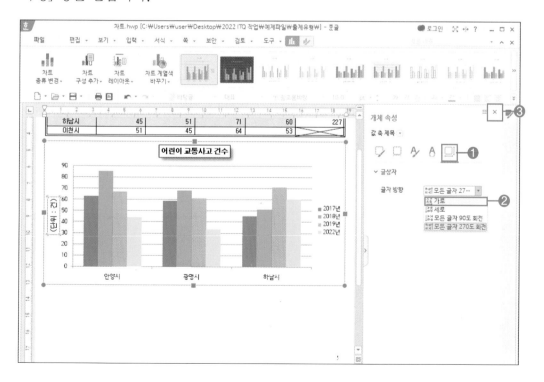

01 차트의 값 축을 클릭합니다. 마우스 오른쪽 버튼을 눌러 ❶[글자 모양 편집]을 선택합니다.

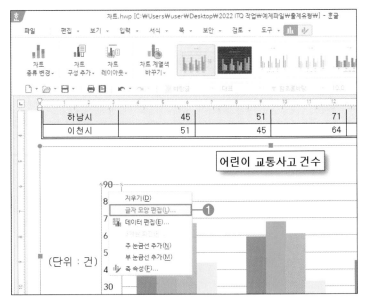

02 [차트 글자 모양] 대화상자가 나타나면 언어별 설정의 ❶한글 글꼴과 영어 글꼴을 조건에 맞게 '돋움'으로 선택하고 ❷크기를 "10"으로 입력하고 ❸[설정]을 클릭합니다.

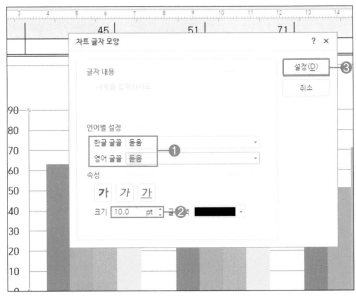

03 같은 방법으로 항목 축과 범례도 [글자 모양 편집]으로 ❶한글 글꼴과 영어 글꼴을 '돋움', ❷크기는 "10"으로 변경하고 ❸[설정]을 클릭합니다.

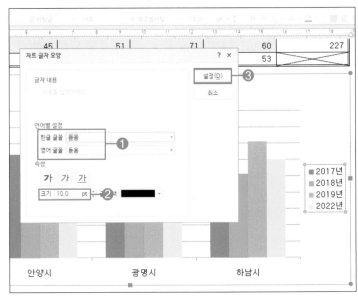

01 ❶범례를 선택하고 마우스 오른쪽 버튼을 눌러 ❷[범례 속성]을 클릭하거나 범례를 더블 클릭합니다.

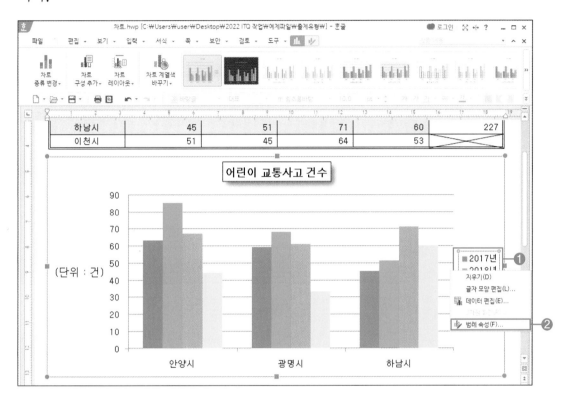

02 [개체 속성] 창이 나타나면 ❶[그리기 속성]의 [선]에서 ❷[어두운 색]을 클릭하고 ❸[개체 속성] 창을 닫습니다.

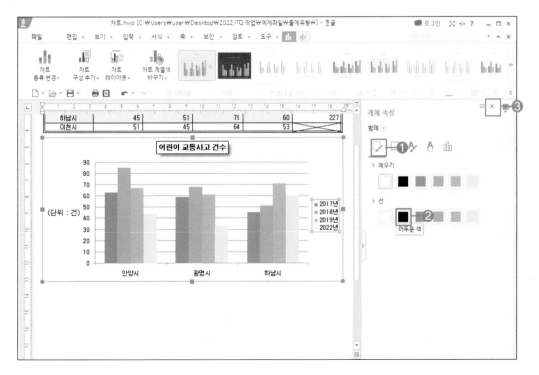

01 ❶차트를 선택하고 [항목 축]을 클릭합니다. 마우스 오른쪽 버튼을 눌러 ❷[축 속성]을 선택합니다.

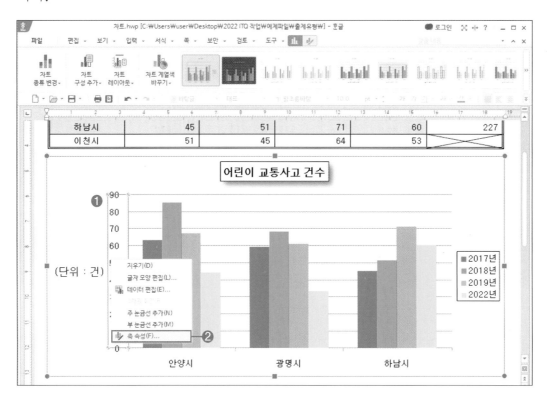

02 [개체 속성] 창의 [축 속성]이 나타나면 ❶최솟값은 "0", 최댓값을 "100"으로, 주 단위를 "20"으로 입력합니다.

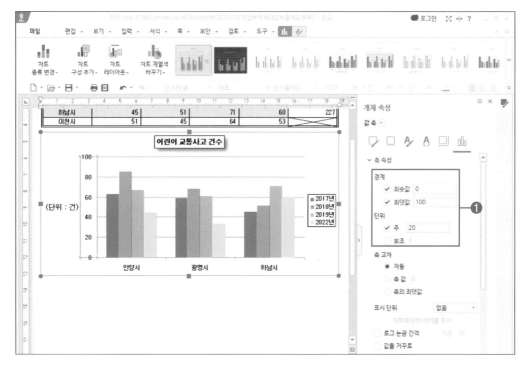

03 눈금선을 선택하고 마우스 오른쪽 버튼을 눌러 ❶[지우기]를 클릭하거나 Delete 를 눌러 눈금선을 삭제합니다.

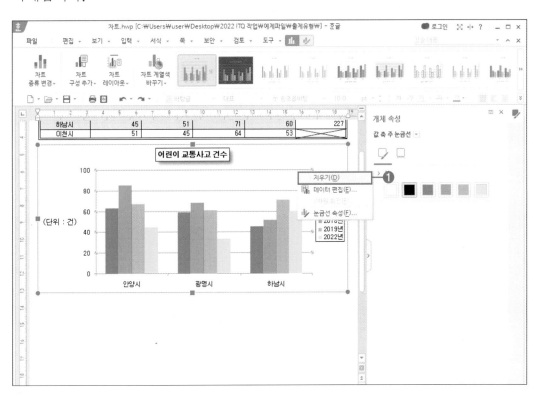

04 [개체 속성] 창을 닫습니다. ❶차트를 선택하고 ❷[차트 서식] 탭에서 ❸[글자처럼 취급]을 클릭하고 문서를 저장합니다.

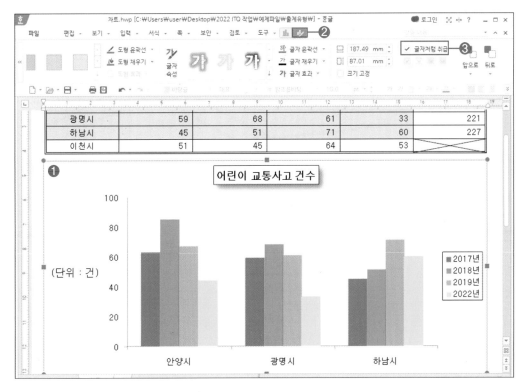

■ ■ 준비파일 : 실력팡팡₩차트예제.hwp / 완성파일 : 실력팡팡₩차트예제_완성.hwp

01 다음의 ≪조건≫에 따라 ≪출력형태≫와 같이 표와 차트를 작성하시오. (100점)

표 조건
(1) 표 전체(표, 캡션) - 궁서, 10pt
(2) 정렬 - 문자 : 가운데 정렬, 숫자 : 오른쪽 정렬
(3) 셀 배경(면 색) : 노랑
(4) 한글의 계산 기능을 이용하여 빈칸에 평균(소수점 두자리)을 구하고, 캡션 기능 사용할 것
(5) 선 모양은 ≪출력형태≫와 동일하게 처리할 것

출력형태

세계관광의 해 방문자 평균(단위 : 백)

지역	방문자	전년도방문객	금년예상방문객	평균
전라도	5,400	3,500	6,000	4,966.67
경상도	4,500	3,000	5,000	4,166.67
제주도	8,800	7,500	9,000	8,433.33
충청도	5,000	3,700	5,500	

차트 조건
(1) 차트 데이터는 표 내용에서 지역별 방문자, 전년도방문객의 값만 이용할 것
(2) 종류 - 〈꺾은선형〉으로 작업할 것
(3) 제목 - 돋움, 진하게, 12pt, 속성 - 채우기(하양), 테두리, 그림자(대각선 오른쪽 아래)
(4) 제목 이외의 전체 글꼴 - 돋움, 보통, 10pt
(5) 축 제목과 범례는 ≪출력형태≫와 동일하게 처리할 것

출력형태

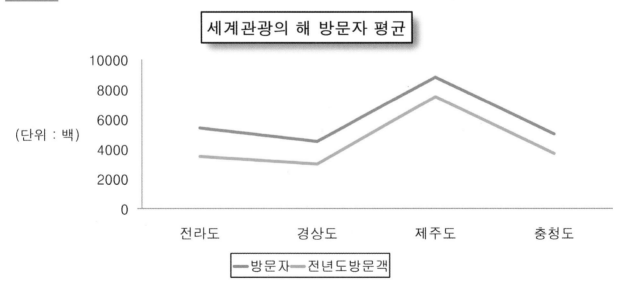

02 다음의 ≪조건≫에 따라 ≪출력형태≫와 같이 표와 차트를 작성하시오.. (100점)

표 조건
(1) 표 전체(표, 캡션) - 돋움, 10pt
(2) 정렬 - 문자 : 가운데 정렬, 숫자 : 오른쪽 정렬
(3) 셀 배경(면 색) : 노랑
(4) 한글의 계산 기능을 이용하여 빈칸에 합계를 구하고, 캡션 기능 사용할 것
(5) 선 모양은 ≪출력형태≫와 동일하게 처리할 것

출력형태

찾아가는 행정교육서비스 신청자(단위 : 명)

기관명	프레젠테이션	기획문서작성	엑셀자동화	스마트폰활용	SNS마케팅
나눔복지관	15	20	20	25	30
지역아동센터	25	35	25	20	25
시민행동21	20	15	16	20	15
합계	60	70	61		

차트 조건
(1) 차트 데이터는 표 내용에서 기관명별 프레젠테이션, 기획문서작성, 엑셀자동화의 값만 이용할 것
(2) 종류 - 〈묶은 세로 막대형〉으로 작업할 것
(3) 제목 - 굴림, 진하게, 12pt, 속성 - 채우기(하양), 테두리, 그림자(오른쪽)
(4) 제목 이외의 전체 글꼴 - 돋움, 보통, 10pt
(5) 축 제목과 범례는 ≪출력형태≫와 동일하게 처리할 것

출력형태

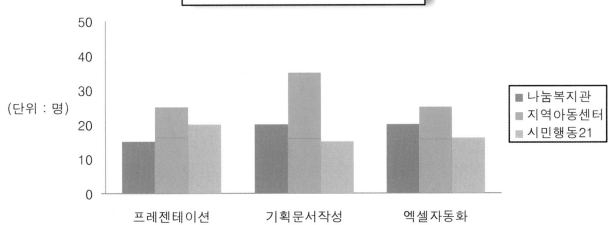

03 다음의 ≪조건≫에 따라 ≪출력형태≫와 같이 표와 차트를 작성하시오. (100점)

표 조건
(1) 표 전체(표, 캡션) – 굴림, 10pt
(2) 정렬 – 문자 : 가운데 정렬, 숫자 : 오른쪽 정렬
(3) 셀 배경(면 색) : 노랑
(4) 한글의 계산 기능을 이용하여 빈칸에 합계를 구하고, 캡션 기능 사용할 것
(5) 선 모양은 ≪출력형태≫와 동일하게 처리할 것

출력형태

연도별 국가 DB 이용 건수(단위 : 만 건)

구분	국가지식포털	과학기술	정보통신	교육학술	합계
2020년	384	791	106	315	1,596
2019년	263	727	117	217	1,324
2018년	120	713	151	160	1,144
2017년	57	416	30	97	

차트 조건
(1) 차트 데이터는 표 내용에서 2020년, 2019년, 2018년의 국가지식포털, 과학기술, 정보통신 값만 이용할 것
(2) 종류 – 〈묶은 세로 막대형〉으로 작업할 것
(3) 제목 – 굴림, 진하게, 12pt, 속성 – 채우기(하양), 테두리, 그림자(아래쪽)
(4) 제목 이외의 전체 글꼴 – 굴림, 보통, 10pt
(5) 축 제목과 범례는 ≪출력형태≫와 동일하게 처리할 것

출력형태

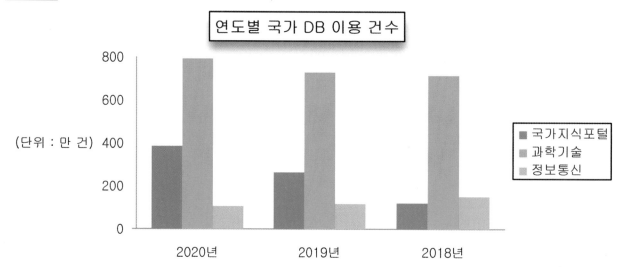

04 다음의 ≪조건≫에 따라 ≪출력형태≫와 같이 표와 차트를 작성하시오. (100점)

표 조건
(1) 표 전체(표, 캡션) – 굴림, 10pt
(2) 정렬 – 문자 : 가운데 정렬, 숫자 : 오른쪽 정렬
(3) 셀 배경(면 색) : 노랑
(4) 한글의 계산 기능을 이용하여 빈칸에 평균(소수점 두자리)을 구하고, 캡션 기능 사용할 것
(5) 선 모양은 ≪출력형태≫와 동일하게 처리할 것

출력형태

우리마트 제품판매현황(단위 : 대)

상품명	전년도판매수량	금년도계획수량	판매수량	초과판매수량	평균
냉장고	15,320	30,000	34,890	14,680	23,722.50
에어컨	18,950	22,000	19,000	3,050	15,750.00
홈시어터	5,480	7,000	6,200	1,520	5,050.00
오븐	3,950	5,000	9,500	1,050	

차트 조건
(1) 차트 데이터는 표 내용에서 냉장고, 에어컨, 홈시어터의 전년도판매수량, 금년도계획수량의 값만 이용할 것
(2) 종류 – 〈꺾은선형〉으로 작업할 것
(3) 제목 – 돋움, 진하게, 12pt, 속성 – 채우기(하양), 테두리, 그림자(대각선 오른쪽 아래)
(4) 제목 이외의 전체 글꼴 – 굴림, 보통, 10pt
(5) 축 제목과 범례는 ≪출력형태≫와 동일하게 처리할 것

출력형태

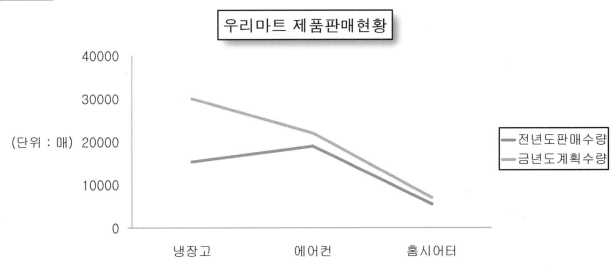

기능평가 II - 수식

수식 편집기를 이용해 간단한 산술식부터 복잡한 수식까지 어떠한 수학식도 쉽게 작성할 수 있도록 능력을 키워 봅니다.

수식 입력하기

- 수식을 입력할 때는 반드시 2페이지에 답안을 입력하며 문제번호를 입력하고 수식을 삽입합니다.
- [입력] 탭의 [수식] 또는 [입력] 탭의 목록 단추를 클릭하여 [개체]-[수식]으로도 삽입할 수 있습니다.
- **Ctrl** + **N** , **M** 을 눌러 수식을 삽입할 수 있습니다.
- [수식 편집기]에서 수식 도구를 선택하고 항목 간 이동을 할 때는 **Tab** 으로 이동하고 이전 항목으로 이동할 때는 **Shift** + **Tab** 으로 이동할 수 있습니다.

수식 도구 상자

❶ ❷ ❸❹❺ ❻ ❼ ❽❾❿ ⓫ ⓬ ⓭⓮⓯ ⓰⓱ ⓲⓳ ⓴ ㉑

A₁ ▾ Ā ▾ 뮴 √ā Σ ▾ ∫□ ▾ lim ▾ □₀□ ᵐᵍ ²□ ᐧ□ᐧ ▾ (□) ▾ {□ᵢ} ▤ ▦ ▾ & ↵ ← → ⟳ ▾ ⇥|

❶ 첨자(**Shift** + **-**)

A¹ ¹A A₁ ₁A Ȧ

❷ 장식 기호(**Ctrl** + **D**)

❸ 분수(**Ctrl** + **O**)

❹ 근호(**Ctrl** + **R**)

❺ 합(**Ctrl** + **S**)

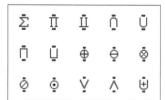

❻ 적분(**Ctrl** + **I**)

❼ 극한(**Ctrl** + **L**)

❽ 세로 나눗셈

❾ 최소 공배수/최대 공약수

❿ 2진수로 변환

⓫ 상호관계(**Ctrl** + **E**)

⓬ 괄호(**Ctrl** + **9**)

⓭ 경우(**Ctrl** + **0**)

⓮ 세로쌓기(**Ctrl** + **P**)

⓯ 행렬(**Ctrl** + **M**)

⓰ 줄맞춤

⓱ 줄바꿈(**Enter**)

⓲ 이전 항목

⓳ 다음 항목

⓴ 수식 형식 변경

MathML 파일 불러오기(O)...	Alt+M
MathML 파일로 저장하기(S)...	Alt+S

㉑ 넣기(**Shift** + **Esc**)

❶ ❷ ❸ ❹ ❺ ❻ ❼　　❽　　❾　❿⓫　　⓬　　⓭　⓮　⓯

| Λ ▾ | λ ▾ | ℵ ▾ | ≤ ▾ | ± ▾ | ↔ ▾ | △ ▾ | | ▾ | | ▾ | | | HancomEQN ▾ | 10 ▾ | ⊞ ▾ | 200% ▾ |

❶ 그리스 대문자

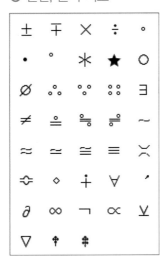

❷ 그리스 소문자

❸ 그리스 기호

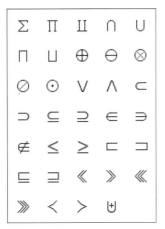

❹ 합, 집합 기호

❺ 연산, 논리 기호

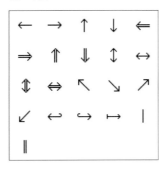

❻ 화살표

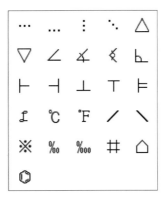

❼ 기타 기호

❽ 명령어 입력

❾ 수식 매크로

매크로 없음

수식 매크로 추가하기(E)...
수식 매크로 불러오기(A)...
수식 매크로 저장하기(B)...

❿ 글자 단위 영역

⓫ 줄 단위 영역

⓬ 글꼴

⓭ 글자 크기

⓮ 글자 색

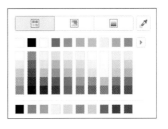

⓯ 화면 확대

■ ■ 완성파일 : 출제유형₩수식_완성.hwp

다음 (1), (2)의 수식을 수식 편집기로 각각 입력하시오. (40점)

출력형태

$$(1)\ U_a - U_b = \frac{GmM}{a} - \frac{GmM}{b} = \frac{GmM}{2R}$$

$$(2)\ V = \frac{1}{R} \int_0^q q dq = \frac{1}{2} \frac{q^2}{R}$$

Step 01. 수식 (1) 작성하기

01 1페이지에서 `Ctrl` + `Enter` 를 눌러 2페이지로 이동해 문제 번호 '3.'을 입력하고 `Enter` 를 누릅니다. '(1)'을 입력한 후 ❶[입력] 탭의 ❷[수식]을 클릭합니다. [수식 편집기] 에서 ❸'U'를 입력하고 ❹ [첨자]의 [아래 첨자]를 클릭합니다.

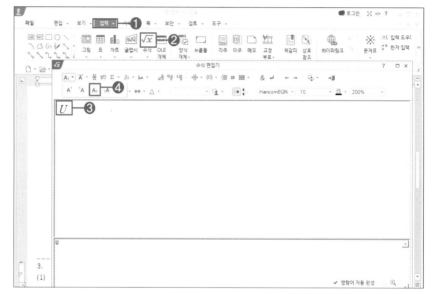

02 ❶'a'를 입력하고 `Tab` 을 눌러 다음 항목으로 넘어갑니다. ❷'−'를 입력하고 ❸'U' 를 입력하고 ❹[첨자]의 [아래 첨자]를 클릭합니다.

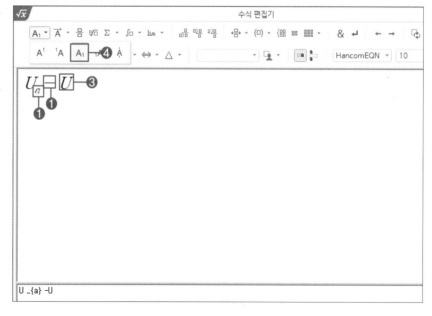

03 ❶'b'를 입력하고 Tab 을 눌러 다음 항목으로 넘어갑니다. ❷'='를 입력하고 ❸[분수]를 클릭합니다.

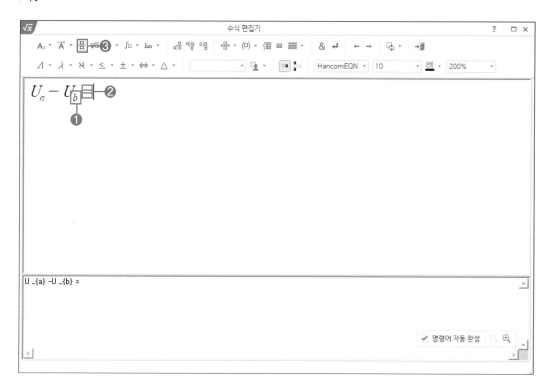

04 ❶'GmM'를 입력하고 Tab 을 눌러 다음 항목으로 넘어갑니다. ❷'a'를 입력하고 Tab 을 눌러 다음 항목으로 넘어갑니다.

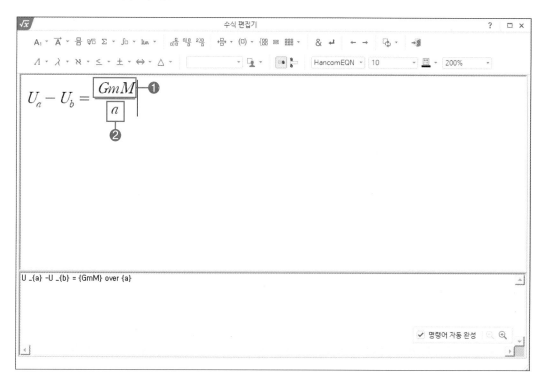

05 ❶'–'을 입력하고 ❷[분수]를 클릭합니다. ❸'GmM'를 입력하고 `Tab` 을 눌러 다음 항목으로 넘어갑니다

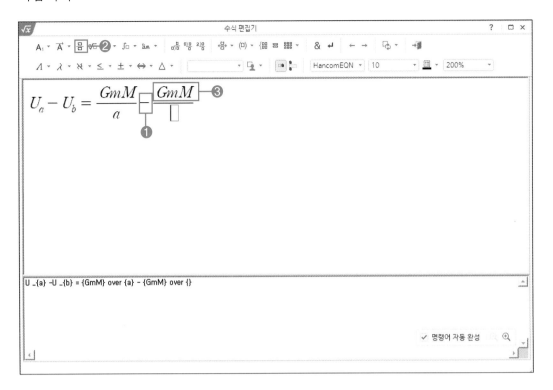

06 ❶'b'를 입력하고 `Tab` 을 눌러 다음 항목으로 넘어갑니다. ❷'='를 입력하고 ❸[분수]를 클릭합니다.

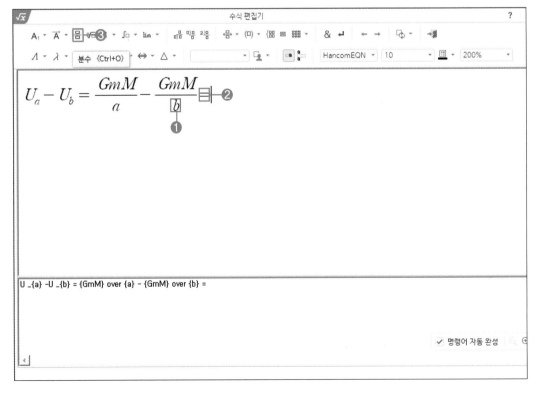

07 ❶'GmM'를 입력하고 **Tab**을 눌러 다음 항목으로 넘어갑니다. ❷'2R'을 입력하고 ❸[넣기]를 클릭하여 [수식 편집기] 창을 닫습니다.

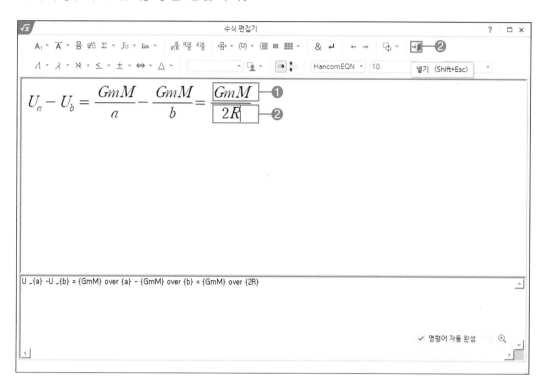

08 수식 (1)이 완성되 문서에 삽입되었습니다.

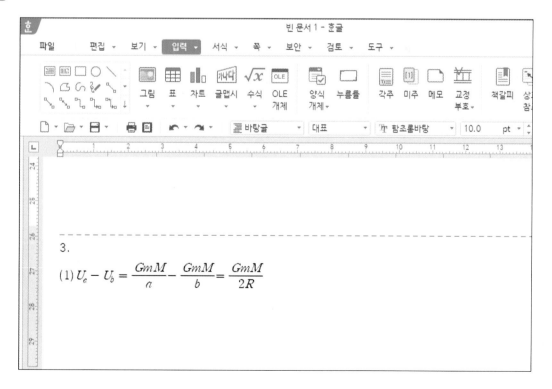

01 `Space Bar`를 눌러 간격을 띄운 다음 '(2)'를 입력합니다. [입력] 탭의 [수식]을 클릭해 [수식 편집기]를 불러옵니다. ❶'V'를 입력하고 `Tab`을 눌러 다음 항목으로 넘어갑니다.

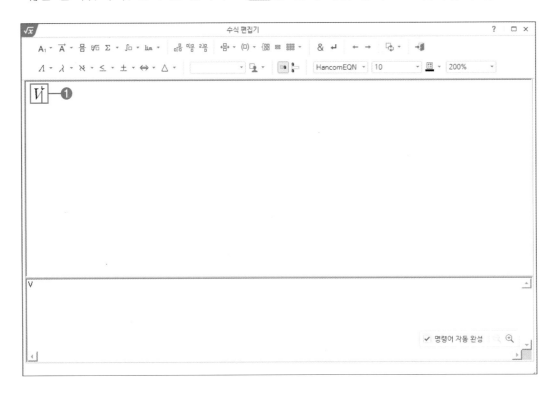

02 ❶'='를 입력하고 ❷[분수]를 클릭합니다. ❸'1'를 입력하고 `Tab`을 눌러 다음 항목으로 넘어가고 ❹'R'을 입력합니다.

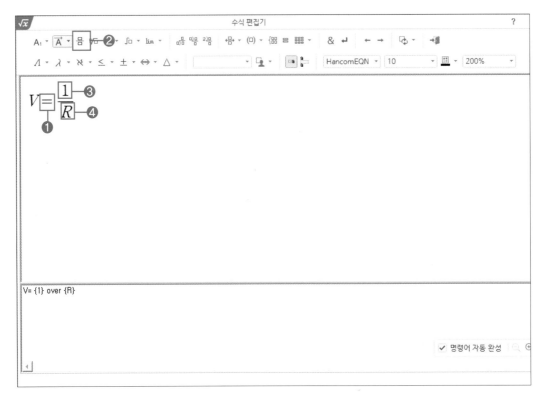

03 ❶ Tab 을 눌러 다음 항목으로 넘어가고 [적분]을 클릭하여 ≪출력형태≫와 같은 적분 모양을 클릭합니다.

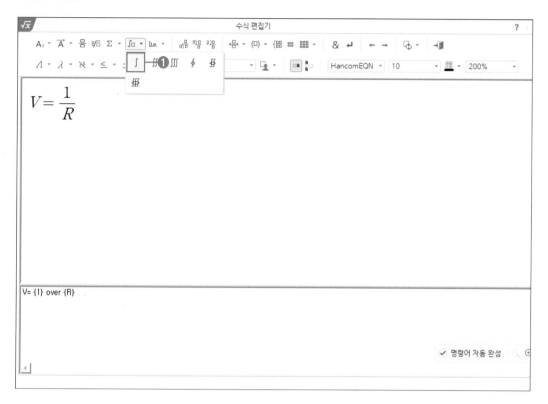

04 ❶'0'을 입력하고 Tab 을 눌러 다음 항목으로 넘어갑니다. ❷'q'를 입력하고 Tab 을 눌러 다음 항목으로 넘어갑니다.

05 ❶'qdq'를 입력하고 **Tab**을 눌러 다음 항목으로 넘어갑니다. ❷'='를 입력하고 ❸[분수]를 클릭합니다.

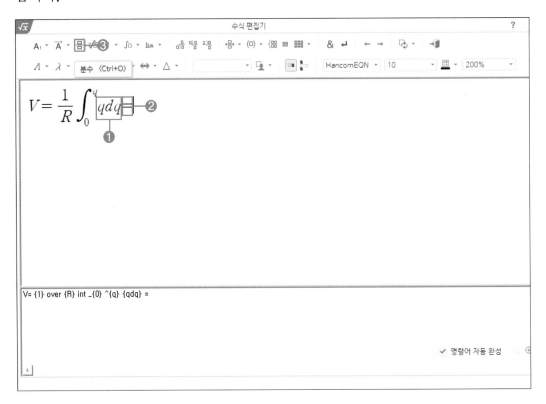

06 ❶'1'을 입력하고 **Tab**을 눌러 다음 항목으로 넘어갑니다. ❷'2'를 입력하고 ❸[분수]를 클릭합니다.

07 ❶'q'를 입력하고 ❷[첨자]를 클릭하여 [윗 첨자]를 클릭합니다.

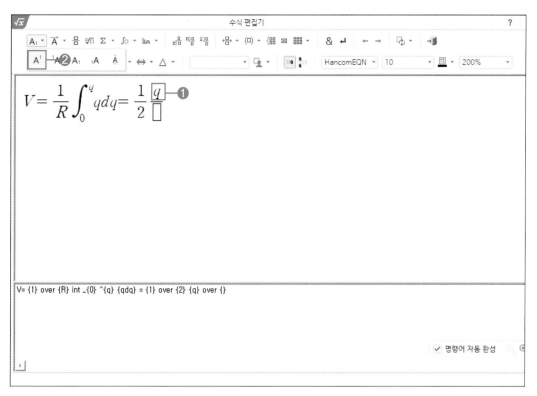

08 ❶'2'를 입력하고 [Tab]을 두번 눌러 다음 항목으로 넘어갑니다. ❷'R'을 입력하고 ❸[넣기]를 클릭하여 [수식 편집기] 창을 닫고 문서를 저장합니다.

01 다음의 (1), (2)의 수식을 수식 편집기로 각각 입력하시오.　　　　　　　　　　　　　(40점)

출력형태

(1) $h = \sqrt{k^2 - r^2}\ ,\ M = \dfrac{1}{3}\pi r^2 h$

(2) $\dfrac{1}{\lambda} = 1.097 \times 10^5 \left(\dfrac{1}{2^2} - \dfrac{1}{n^2} \right)$

(1) $H_n = \dfrac{a(r^n - 1)}{r - 1} = \dfrac{a(1 + r^n)}{1 - r}\ (r \neq 1)$

(2) $f = \sqrt{\dfrac{2 \times 1.6 \times 10^{-19}}{9.1 \times 10^{-31}}} = 5.9 \times 10^5$

(1) $\displaystyle\int_0^3 \sqrt{6t^2 - 18t + 12}\, dt = 11$

(2) $\dfrac{x}{\sqrt{a} - \sqrt{b}} = \dfrac{x\sqrt{a} + x\sqrt{b}}{a - b}$

(1) $m = \dfrac{\triangle P}{K_a} = \dfrac{\triangle t_b}{K_b} = \dfrac{\triangle t_f}{K_f}$

(2) $V = \dfrac{1}{C}\displaystyle\int_t^q q\, dq = \dfrac{1}{2}\dfrac{q^2}{C}$

(1) $\vec{F} = \dfrac{m\vec{b_2} - m\vec{b_1}}{\triangle t}$

(2) $Y = \sqrt{\dfrac{gL}{2\pi}} = \dfrac{gT}{2\pi}$

(1) $K = \dfrac{a(1 + r)((1 + r)^n - 1)}{r}$

(2) $g = \dfrac{GM}{R^2} = \dfrac{6.67 \times 10^{-11} \times 6.0 \times 10^{24}}{(6.4 \times 10^7)^2}$

(1) $(a\ b\ c)\begin{pmatrix} p \\ q \\ r \end{pmatrix} = (ap + bq + cr)$

(2) $\begin{cases} x - 1 > 2x - 3 \\ x^2 \leq x + 2 \end{cases}$

(1) $\vec{F} = -\dfrac{4\pi^2 m}{T^2} + \dfrac{m}{T^3}$

(2) $f(x) = \dfrac{\dfrac{x}{2} - \sqrt{5} + 2}{\sqrt{1 - x^2}}$

(1) $\dfrac{t_A}{t_B} = \sqrt{\dfrac{d_B}{d_A}} = \sqrt{\dfrac{M_B}{M_A}}$

(2) $\dfrac{PV}{T} = \dfrac{1 \times 22.4}{273} \fallingdotseq 0.082$

02 다음의 (1), (2)의 수식을 수식 편집기로 각각 입력하시오. (40점)

출력형태

(1) $P_A = P \times \dfrac{V_A}{V} = P \times \dfrac{V_A}{V_A + V_B}$

(2) $G = 2 \displaystyle\int_{\frac{a}{2}}^{a} \dfrac{b}{a} \sqrt{a^2 - x^2}\, dx$

(1) $U_a - U_b = \dfrac{GmM}{a} - \dfrac{GmM}{b} = \dfrac{GmM}{2R}$

(2) $\vec{s} = \dfrac{\vec{r_2} - \vec{r_1}}{t_2 - t_1} = \dfrac{\vec{\Delta r}}{\Delta t}$

(1) $\displaystyle\int_a^b A(x-a)(x-b)dx = -\dfrac{A}{6}(b-a)^3$

(2) $E = \sqrt{\dfrac{GM}{R}}, \dfrac{R^3}{T^2} = \dfrac{GM}{4\pi^2}$

(1) $\dfrac{F}{h_2} = t_2 k_1 \dfrac{t_1}{d} = 2 \times 10^{-7} \dfrac{t_1 t_2}{d}$

(2) $\begin{Bmatrix} A \supset B, A \cup B = A \\ A \subset B, A \cup B = B \end{Bmatrix}$

(1) $s = d_{평균} \times t = \dfrac{1}{2}(d_{처음} + d_{나중})t$

(2) $\begin{pmatrix} a\ b\ c \\ d\ e\ f \end{pmatrix} \begin{pmatrix} x \\ y \\ z \end{pmatrix} = \begin{pmatrix} ax + by + cz \\ dx + ey + fz \end{pmatrix}$

(1) $E = E_{운동} - E_{위치} = \dfrac{1}{2}K\dfrac{e^2}{a} - K\dfrac{e^2}{a}$

(2) $\overline{\left(\dfrac{z_2}{z_1}\right)} = \left(\dfrac{\overline{z_2}}{\overline{z_1}}\right)$

(1) $\displaystyle\int \left(\sin x + \dfrac{x}{2}\right)^2 dx = \int \dfrac{1 + \sin x}{2} dx$

(2) $\begin{cases} 2\sin^2 \dfrac{A}{2} = 1 - \cos A \\ 2\cos^2 \dfrac{A}{2} = 1 + \cos A \end{cases}$

(1) $\sqrt{a^2} = a = \begin{cases} a & (a \geq 0) \\ -a & (a < 0) \end{cases}$

(2) $l = 2\pi r \times \dfrac{x}{360°}, S = \pi r^2 \times \dfrac{x}{360°}$

(1) $\displaystyle\lim_{n \to \infty}(a_1 + a_2 + a_3 + \cdots + a_n) = \lim_{n \to \infty}\sum_{k=1}^{n} ak$

(2) $\sqrt{\dfrac{\sqrt[3]{a}}{\sqrt[4]{a}}} \times \sqrt[4]{\dfrac{\sqrt{a}}{\sqrt[3]{a}}} = \sqrt[12]{a}$

기능평가 II - 도형, 그림, 글맵시

도형, 그림, 글맵시 등의 기능을 한글 문서를 작성할 때 유용하게 활용할 수 있는지를 평가합니다. 도형을 삽입하고 문자를 입력하거나 그림, 글맵시를 삽입하고 편집하는 방법을 학습합니다.

➡ 도형 삽입하기

- [입력] 탭에서 여러 가지 도형을 선택하여 문서에 삽입할 수 있습니다.

- [입력] 탭의 도형 목록 단추를 클릭하여 [다른 그리기 조각]을 클릭하면 [그리기 마당] 대화상자가 나타나며 '선택할 꾸러미' 목록에서 다양한 도형을 삽입할 수 있습니다.

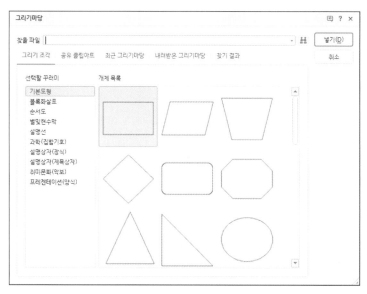

- 도형 목록에서 도형을 선택한 다음 **Shift**+드래그하면 정사각형, 정원 등을 그릴 수 있습니다.
- 도형 목록에서 도형을 선택한 다음 **Ctrl**+드래그하면 클릭한 곳을 도형의 중심으로 하여 삽입할 수 있습니다.
- 직사각형 또는 타원을 선택한 다음 도형이 그려질 위치를 클릭하면 너비와 높이가 각각 30mm인 도형이 삽입됩니다.
- 도형을 더블 클릭하거나 [서식] 탭의 목록 단추를 눌러 [개체 속성]을 클릭하면 [개체 속성] 대화상자가 나타납니다. 또는 도형을 선택한 후 [도형] 탭의 [개체 속성]을 클릭하여 [개체 속성] 대화상자를 열 수 있습니다.

- [개체 속성] 대화상자의 [기본] 탭에서 너비나 높이 값을 입력하여 도형의 크기를 정할 수 있으며, [선] 탭은 사각형 모서리 곡률이나 호의 테두리를 설정할 수 있습니다.

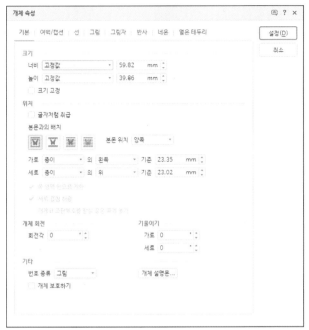 

- 삽입한 도형을 선택하면 도형의 조절점이 나타납니다. 조절점을 드래그하여 도형의 크기를 직접 조절할 수 있습니다. Shift 를 누른 상태로 드래그하면 너비와 높이가 같은 비율로 조절됩니다.
- 활성화된 [도형] 탭에서 바로 도형의 크기를 입력할 수 있으며, '크기 고정'에 체크하면 도형의 크기가 지정한 값으로 고정됩니다.

- 삽입한 도형에 마우스 오른쪽 버튼을 눌러 [도형 안에 글자 넣기]를 클릭하면 원하는 내용을 입력할 수 있습니다.

🔵 도형 이동 또는 복사하기

- 도형을 여러 개 선택하려면 Shift 를 누른 상태로 도형을 클릭하면 됩니다.
- [도형] 탭에서 [개체 선택]을 클릭한 다음 드래그하면 드래그한 범위 안의 도형을 모두 선택할 수 있습니다.
- Shift 를 누른 상태로 도형을 드래그하면 수직 또는 수평으로 도형이 이동됩니다.
- Ctrl 을 누른 상태로 도형을 드래그하면 도형이 복사됩니다.
- 도형을 선택한 후 키보드의 방향키를 이용하면 도형이 0.2mm씩 미세하게 이동됩니다.

글상자 삽입하기

- [입력] 탭의 목록 단추를 클릭하고 [개체]의 [글상자]를 선택하거나 [입력] 탭의 도형 목록에서 [가로 글상자], [세로 글상자]를 클릭하여 삽입합니다.
- Ctrl + N , B 를 눌러 글상자를 삽입할 수도 있습니다.
- 글상자의 테두리를 더블 클릭하거나, 삽입된 글상자를 선택한 다음 마우스 오른쪽 버튼을 누르고 [개체 속성]을 클릭하면 [개체 속성] 대화상자가 나타납니다.
- [개체 속성] 대화상자에서 글상자의 속성을 변경할 수 있으며 [선] 탭에서 글상자의 사각형 모서리 곡률을 변경할 수 있습니다.

도형 서식 설정하기

- 활성화된 [도형] 탭에서 모양 속성, 선 스타일, 음영, 그림자, 크기, 정렬 등을 설정할 수 있습니다.

❶ 도형 속성 : 개체의 모양을 복사하거나 붙일 수 있습니다.

❷ 도형 윤곽선 : 선택한 도형의 선 색, 선 굵기, 선 종류를 설정할 수 있습니다.

❸ 도형 채우기 : 선택한 도형의 색과 투명도를 설정할 수 있습니다.

❹ 음영 : 도형의 음영을 증가시키거나 음영의 감소를 설정할 수 있습니다.

❺ 그림자 모양 : 도형의 그림자 효과를 지정할 수 있습니다.

❻ 그림자 이동 : 그림자 오른쪽으로 이동, 그림자 왼쪽으로 이동, 그림자 위로 이동, 그림자 아래로 이동, 그림자 원점으로 이동 등 그림자의 이동을 설정할 수 있고, 이동한 그림자를 원래대로 되돌릴 수도 있습니다.

❼ 크기 고정 : 개체의 너비나 높이를 고정합니다. 체크하면 크기가 고정이 되어 개체를 회전시킬 수 없습니다.

❽ 너비와 높이 : 도형의 너비와 높이를 직접 입력하여 지정할 수 있습니다.

❾ 같은 크기로 설정 : 너비를 같게, 높이를 같게, 너비/높이를 같게 등 선택한 도형들을 같은 크기로 설정할 수 있습니다.

❿ 글자처럼 취급 : 개체를 본문에 있는 글자와 같게 취급합니다. 어울림, 자리 차지, 글 앞으로, 글 뒤로 등으로 설정할 수 있습니다.

⓫ 그룹 : 여러 개의 개체를 묶거나 묶기 이전의 상태로 풀 수 있습니다.

⓬ 맨 앞으로 : 여러 개의 개체들이 순서 없이 겹쳐있을 때 선택한 개체를 맨 앞으로 이동시킬 수 있습니다.

⓭ 맨 뒤로 : 여러 개의 개체들이 순서 없이 겹쳐있을 때 선택한 개체를 맨 뒤로 이동시킬 수 있습니다.

⓮ 맞춤 : 선택한 여러 개의 개체들을 위쪽, 중간, 아래쪽, 왼쪽, 가운데, 오른쪽으로 맞추거나 가로, 세로 간격을 동일하게 배분시킬 수 있습니다.

⓯ 회전 : 개체를 회전시키거나 좌우상하 대칭, 오른쪽, 왼쪽으로 회전시킬 수 있습니다.

🔵 그림 삽입하기

- [입력] 탭에서 [그림]을 클릭하거나 [입력] 탭의 목록 단추를 클릭하여 [그림]−[그림]을 클릭합니다.

- [그림 넣기] 대화상자의 체크 옵션에서 [문서에 포함]을 체크하면 그림 파일이 문서에 포함됩니다.

- [마우스로 크기 지정]에 체크하면 선택한 그림을 삽입될 위치에서 마우스로 드래그 하여 원하는 크기로 그림이 삽입할 수 있습니다. [마우스로 크기 지정]을 체크하지 않으면 문서에 원본 크기의 그림이 삽입됩니다.

- 활성화된 [그림] 탭에서 그림 크기를 조절할 수 있으며 [자르기]를 클릭하여 그림을 자를 수 있습니다.

- 활성화된 [그림] 탭에서 [색조 조정]의 목록 단추를 클릭하여 그림의 색조를 '회색조', '흑백', '워터마크'로 설정할 수 있습니다.

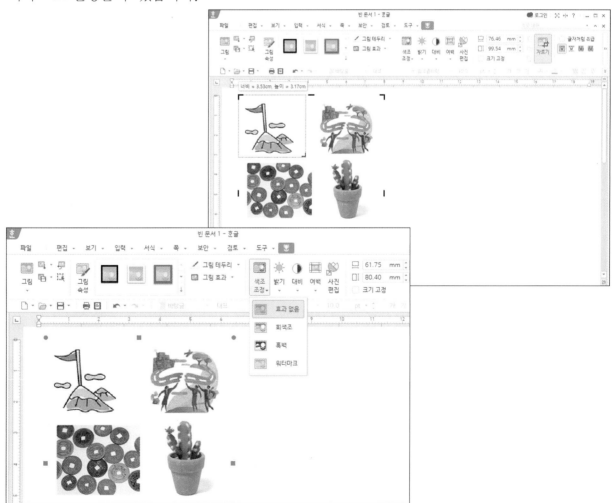

글맵시 삽입하기

- [입력] 탭의 [글맵시]를 클릭하거나 [입력] 탭에서 [글맵시]의 목록 단추를 클릭하여 [글맵시]를 클릭합니다.
- [글맵시]의 목록 단추를 클릭하면 원하는 글맵시 스타일을 선택할 수 있습니다.

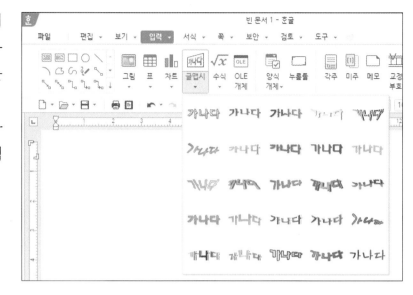

- 글맵시 스타일을 선택한 후, [글맵시 만들기] 대화상자에서 내용을 입력하고 글꼴과 글맵시 모양을 설정할 수 있습니다.
- '글맵시 모양'의 목록 단추를 클릭하여 글맵시 모양을 설정할 수 있습니다.

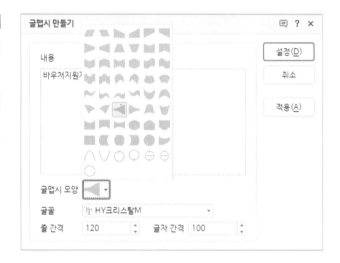

- 활성화된 [그림] 탭에서 글맵시의 채우기 색과 글맵시 모양을 변경할 수 있으며, [그림자 모양]의 목록 단추를 클릭하여 그림자의 색과 그림자 해지를 할 수 있습니다.

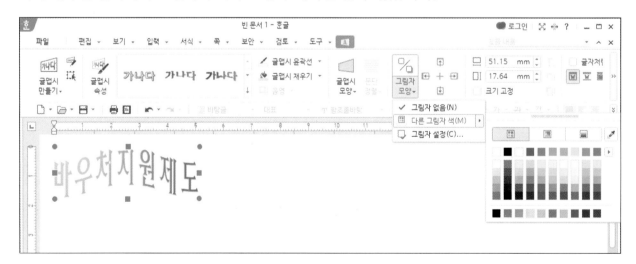

■ ■ 완성파일 : 출제유형₩도형_완성.hwp

시험에서는 Section07에서 다룰 책갈피와 하이퍼링크 기능이 포함된 문제가 출제됩니다.

다음의 ≪조건≫에 따라 ≪출력형태≫와 같이 문서를 작성하시오. (110점)

조건 (1) 그리기 도구를 이용하여 작성하고, 모든 도형(글맵시, 지정된 그림 포함)을 ≪출력형태≫와 같이 작성하시오.
　　　(2) 도형의 면 색은 지시사항이 없으면, 색 없음을 제외하고 서로 다르게 임의로 지정하시오.

출력형태

글상자 : 크기(90mm×17mm),
면 색(빨강),
글꼴(굴림, 22pt, 하양),
정렬(수평 · 수직-가운데)

크기(120mm×60mm)

글맵시 이용(나비넥타이),
크기(50mm×35mm),
글꼴(궁서, 노랑)

그림 위치
(내 PC₩문서₩ITQ₩Picture₩
로고3.jpg, 문서에 포함), 크기
(40mm×35mm),
그림효과(회색조)

글상자 이용,
선 종류(점선 또는 파선)
면 색(색 없음),
글꼴(돋움, 18pt),
정렬(수평 · 수직-가운데)

크기(130mm×90mm)

직사각형 그리기 : 크기(13mm×13mm),
면 색(하양), 글꼴(궁서, 20pt),
정렬(수평 · 수직-가운데)

직사각형 그리기 : 크기(8mm×20mm),
면 색(하양을 제외한 임의의 색)

01 3번 수식 문제 아래에 문제번호 '4.'를 입력하고 Enter 를 두 번 눌러 입력할 준비를 합니다. ❶[입력] 탭의 도형 목록에서 ❷'직사각형'을 클릭하여 ❸적당한 크기로 드래그하여 삽입합니다.

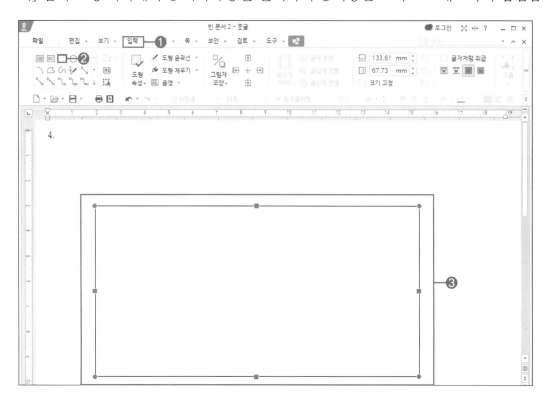

02 도형의 테두리를 마우스로 선택하고 마우스 오른쪽 버튼을 눌러 [개체 속성]을 클릭하거나 도형의 테두리를 더블 클릭하여 ❶[개체 속성]을 불러옵니다.

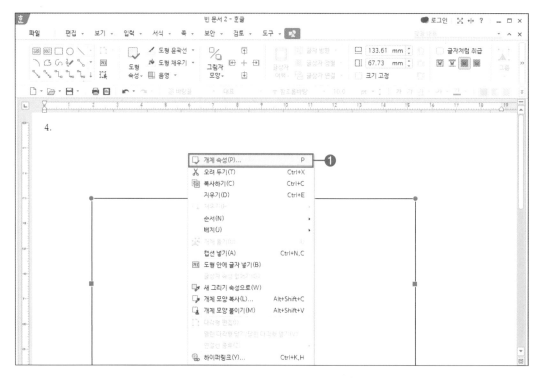

03 [개체 속성] 대화상자의 ❶[기본] 탭에서 ≪출력형태≫의 조건에 따라 ❷도형 크기의 '너비 : 120', '높이 : 60'를 입력하고 ❸'크기 고정'에 체크합니다.

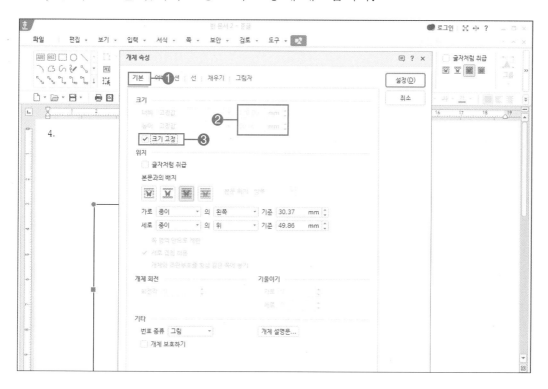

04 [개체 속성] 대화상자의 ❶[선] 탭을 클릭하고 '사각형 모서리 곡률'에서 ❷'둥근 모양'을 클릭합니다.

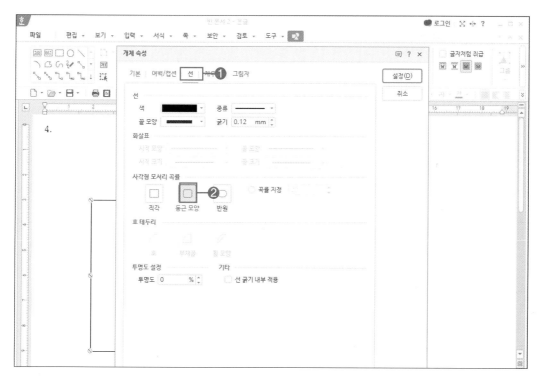

05 [개체 속성] 대화상자의 [채우기] 탭을 클릭하고 '면 색'의 목록 단추를 클릭하여 임의의 색을 선택한 후 [설정]을 클릭합니다.

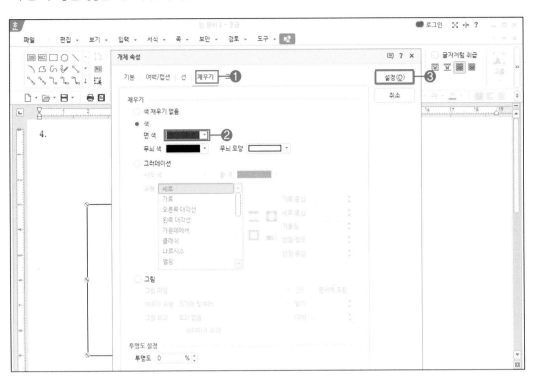

06 글상자를 삽입하기 위해 [입력] 탭의 도형 목록에서 '가로 글상자'를 클릭하고 ≪출력형태≫와 같이 드래그하여 글상자를 삽입합니다.

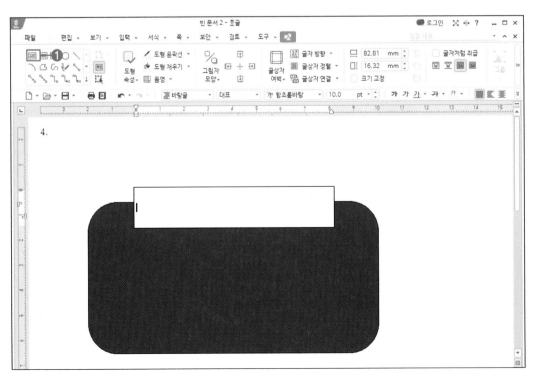

07 글상자 안에 커서가 깜빡거리면 '수업 중 안전 수칙'이라고 입력하고 글꼴은 '굴림', 글자 크기는 '22pt', 글자 색을 '하양'으로 선택하고 정렬은 '가운데 정렬'로 설정합니다.

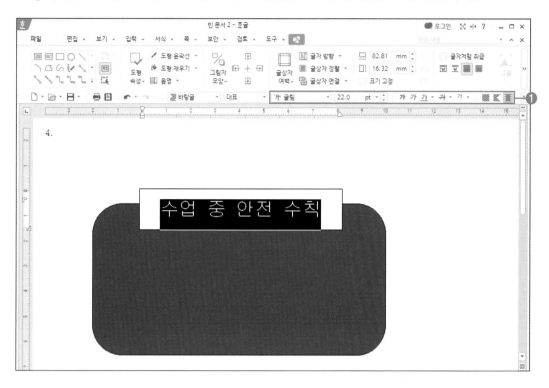

08 글상자의 테두리를 선택하고 마우스 오른쪽 버튼을 눌러 [개체 속성]을 클릭합니다. [기본] 탭에서 크기의 '너비 : 90', '높이 : 17'로 입력하고 '크기 고정'에 체크합니다.

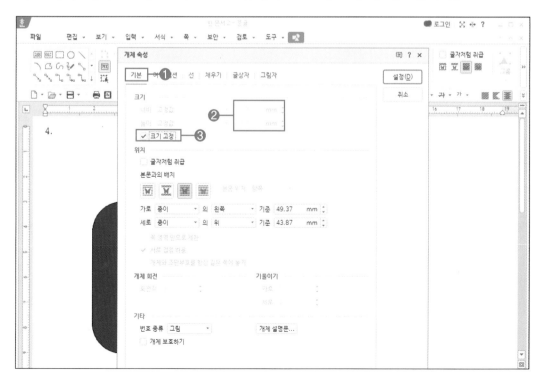

09 ❶[선] 탭에서 ❷'반원'을 클릭합니다.

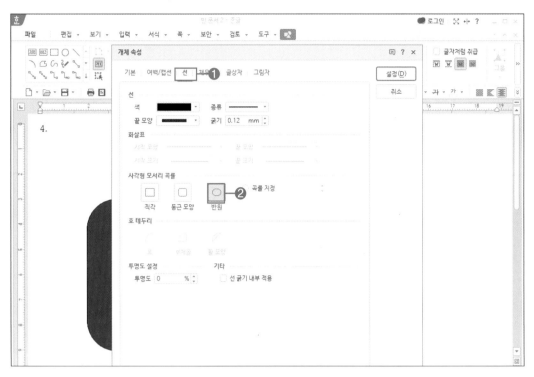

10 ❶[채우기] 탭에서 색의 ❷'면 색'을 '빨강'으로 선택합니다.

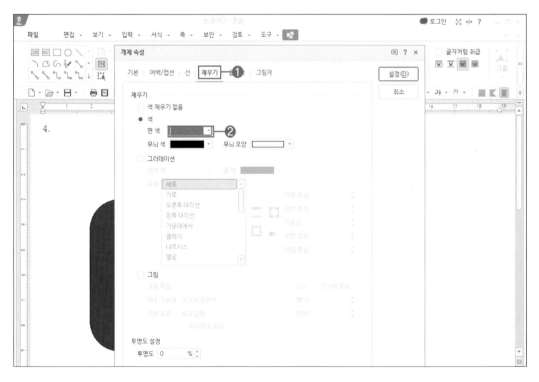

11 ❶[글상자] 탭의 속성에서 세로 정렬을 ❷'세로 가운데'로 선택하고 ❸[설정]을 클릭합니다. 글 상자의 위치가 처음에 삽입한 직사각형의 중앙에 위치하도록 마우스로 위치를 조절합니다.

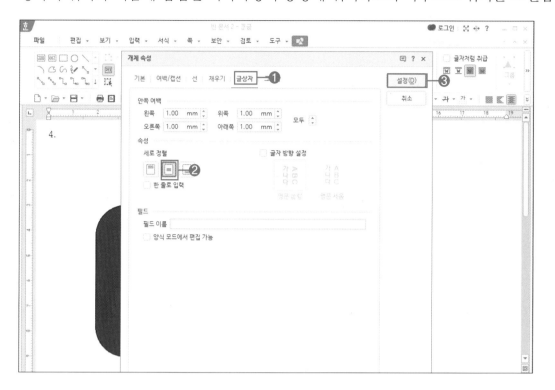

Tip

사각형 모서리 굴리기

• 사각형의 모서리가 둥근 정도에 따라 '직각', '둥근 모양', '반원'을 지정할 수 있습니다.

• 도형을 클릭하고 마우스 오른쪽 버튼을 눌러 [개체 속성]을 클릭하여 [선] 탭의 [사각형 모 서리 곡률]에서 설정합니다.

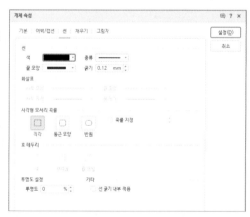

호/부채꼴/활 모양 만들기

• [입력] 탭의 도형 목록에서 '호'를 선택하고, 드래그 한 도형을 선택한 후 마우스 오른쪽 버 튼을 눌러 [개체 속성]을 클릭합니다.

• [개체 속성] 대화상자에서 [선] 탭의 '호', '부채꼴', '활 모양'을 설정합니다.

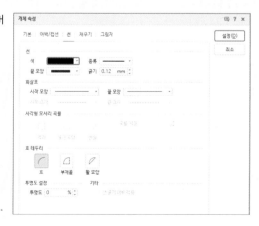

01 ❶[입력] 탭의 ❷[글맵시]를 클릭하여 [글맵시 만들기] 대화상자의 내용에 ❸'세이프키즈'를 입력하고 ❹글꼴을 '궁서'로 설정합니다. [글맵시 모양]에서 ❺'나비넥타이'를 선택하고 ❻[설정]을 클릭합니다.

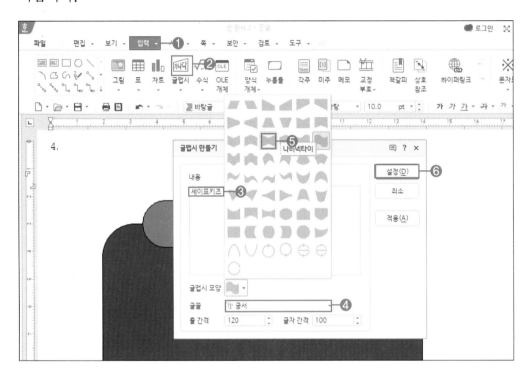

02 글맵시가 선택되어 있는 상태에서 마우스 오른쪽 버튼을 눌러 [개체 속성]을 클릭합니다. [개체 속성] 대화상자의 ❶[기본] 탭에서 ❷너비를 '50', 높이를 '35'로 입력하고 ❸'크기 고정'을 체크합니다.

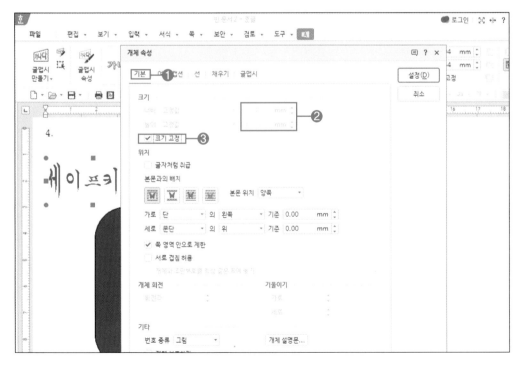

03 글맵시가 도형 뒤에 배치되어 있는 경우 본문과의 배치를 ❶'글 앞으로'로 선택합니다.

04 ❶[채우기] 탭에서 면 색을 ❷'노랑'으로 선택하고 ❸[설정]을 클릭합니다. 삽입된 글맵시를 ≪출력형태≫와 같은 위치로 이동합니다.

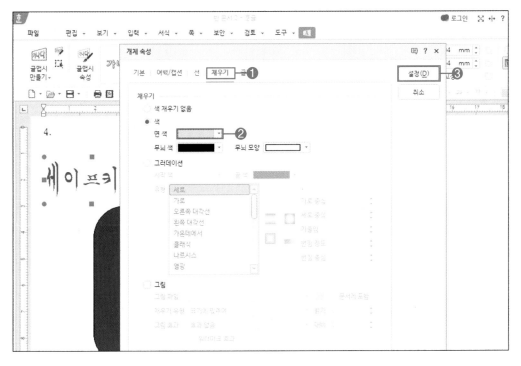

01 ❶[입력] 탭의 ❷[그림]을 클릭하여 [그림 넣기] 대화상자에서 ❸내 PC₩문서₩ITQ₩Picture에서 '로고3.jpg'를 선택한 다음 ❹[열기]를 클릭합니다.

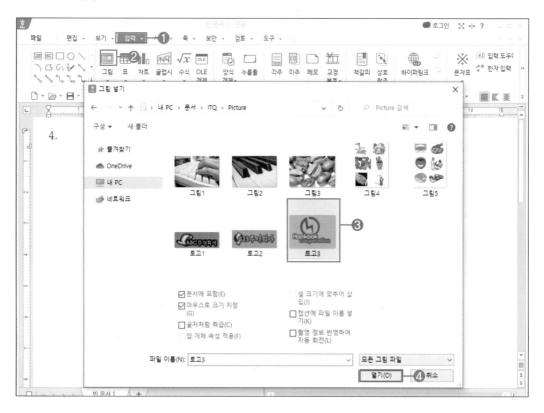

02 원하는 위치에 드래그하여 그림을 삽입합니다. 그림이 선택된 상태에서 마우스 오른쪽 버튼을 눌러 [개체 속성]을 클릭합니다. ❶[기본] 탭에서 너비를 '40', 높이를 '35'로 입력하고 ❷'크기 고정'에 체크합니다.

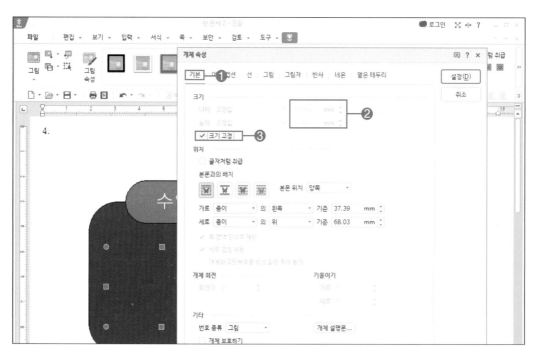

03 [개체 속성] 대화상자에서 본문과의 배치를 ❶'글 앞으로'로 클릭합니다.

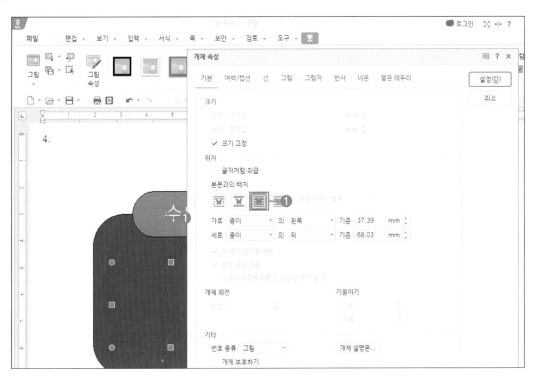

04 ❶[그림] 탭의 그림 효과에서 ❷'회색조'를 선택하고 ❸[설정]을 클릭합니다. 삽입된 그림을 ≪출력형태≫와 같은 위치로 이동합니다.

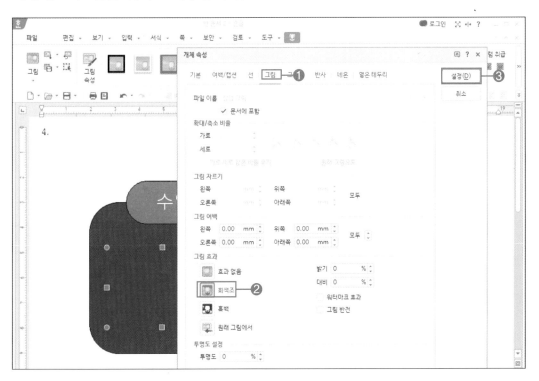

01 [입력] 탭에서 도형 목록의 '직사각형'을 클릭하고 문서에 ❶드래그하여 적당한 크기로 도형을
삽입합니다.

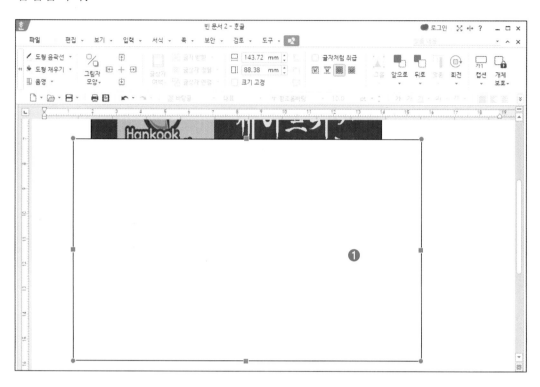

02 마우스 오른쪽 버튼을 눌러 [개체 속성]을 클릭하거나 도형의 테두리를 더블 클릭하여 ❶[개체
속성] 대화상자를 불러옵니다.

03 [개체 속성] 대화상자의 ❶[기본] 탭에서 ≪출력형태≫의 조건인 도형 크기를 ❷'너비 : 130', '높이 : 90'으로 입력하고 ❸'크기 고정'을 클릭합니다.

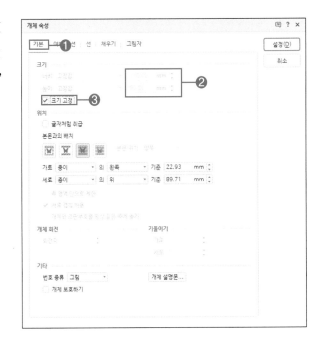

04 ❶[채우기] 탭에서 ❷면 색의 목록 단추를 클릭하여 임의의 색을 선택하고 ❸[설정]을 클릭합니다.

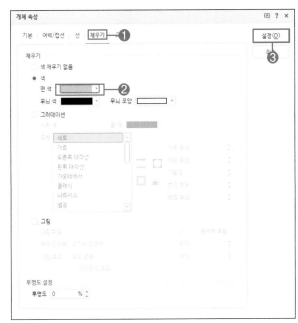

05 활성화된 ❶[도형] 탭에서 ❷'뒤로'의 목록 단추를 클릭하여 ❸'맨 뒤로'를 선택하고 ≪출력형태≫와 같은 위치로 이동합니다.

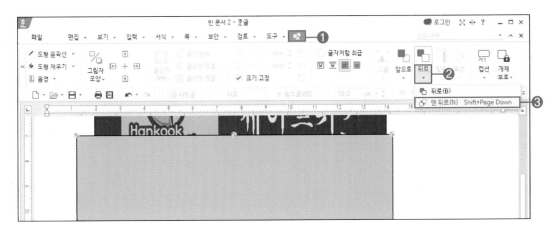

06 ❶[입력] 탭의 도형 목록에서 ❷직사각형을 선택하여 드래그한 다음 마우스 오른쪽 버튼을 눌러 ❸[개체 속성]을 클릭합니다.

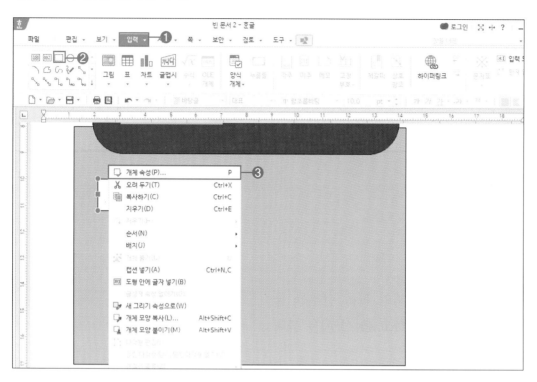

07 [개체 속성] 대화상자의 ❶[기본] 탭에서 ❷'너비 : 8', '높이 : 20'을 입력하고 ❸'크기 고정'에 체크합니다.

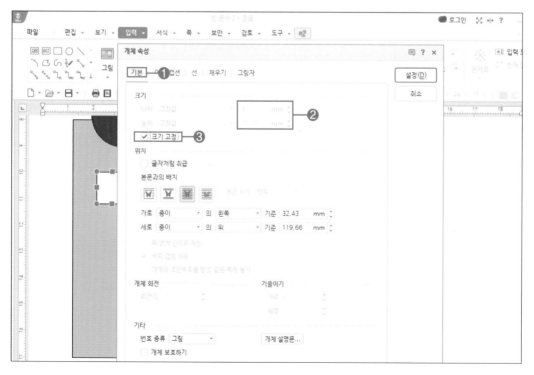

08 사각형의 모서리를 둥글게 설정하기 위해 ❶[선] 탭에서 사각형 모서리 곡률'을 ❷'둥근 모양'으로 선택합니다.

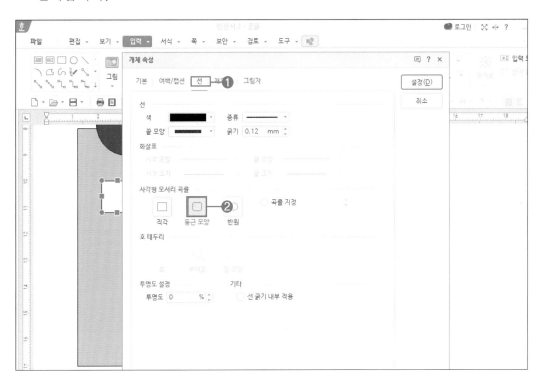

09 도형의 색을 채우기 위해 ❶[채우기] 탭에서 ❷면 색을 임의의 색으로 선택한 후 ❸[설정]을 클릭합니다.

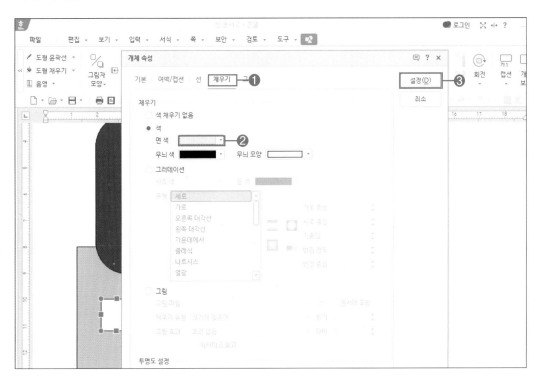

10 [입력] 탭의 도형 목록에서 직사각형을 선택하여 드래그한 다음 마우스 오른쪽 버튼을 눌러 [개체 속성]을 클릭합니다.

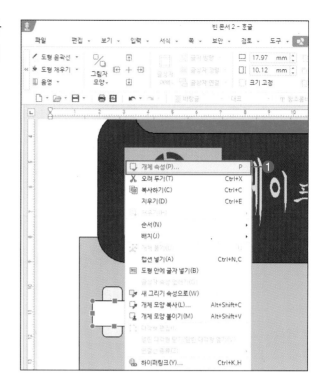

11 [개체 속성] 대화상자의 ❶[기본] 탭에서 ❷'너비 : 13', '높이 : 13'을 입력하고 ❸'크기 고정'에 체크합니다.

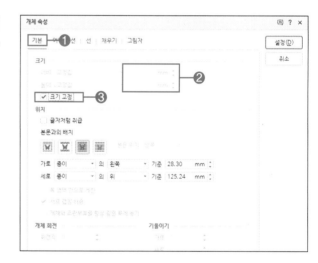

12 사각형의 모서리를 둥글게 설정하기 위해 ❶[선] 탭에서 사각형 모서리 곡률'을 ❷'둥근 모양'으로 선택합니다.

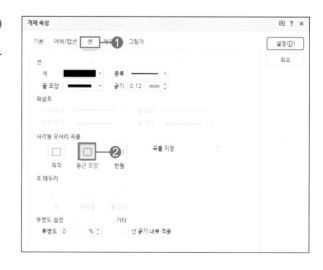

13 도형의 색을 채우기 위해 ❶[채우기] 탭에서 ❶면 색을 '하양'으로 선택한 후 [설정]을 클릭합니다.

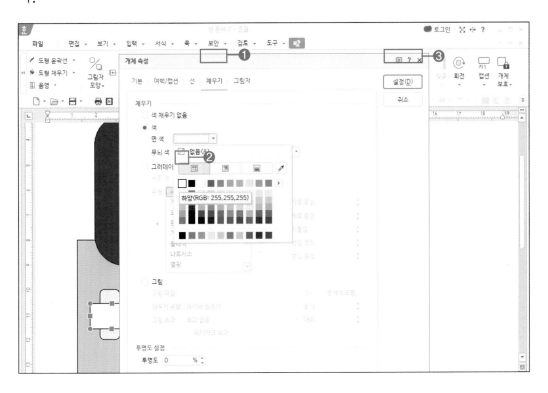

14 도형을 《출력형태》와 같은 위치로 이동시킵니다. 도형 안에 내용을 입력하기 위해 마우스 오른쪽 버튼을 눌러 ❶[도형 안에 글자 넣기]를 클릭합니다.

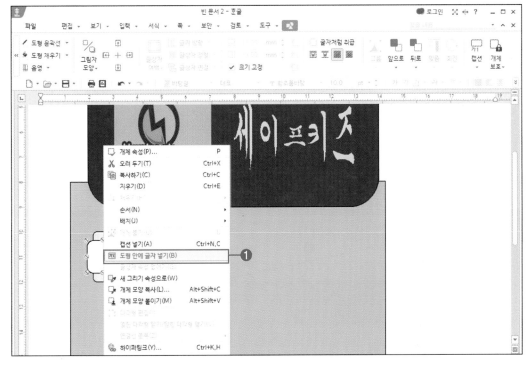

15 커서가 위치한 곳에서 '가'를 입력하고 글꼴은 '궁서', 글자 크기는 '20pt', 정렬을 '가운데 정렬'로
설정합니다.

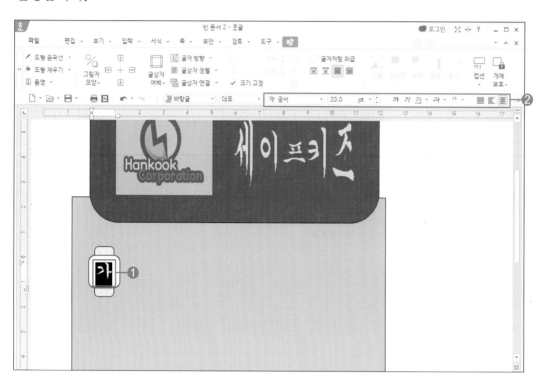

16 글상자를 작성하기 위해 [입력] 탭의 도형 목록에서 '가로 글상자'를 클릭하여 드래그합니다.

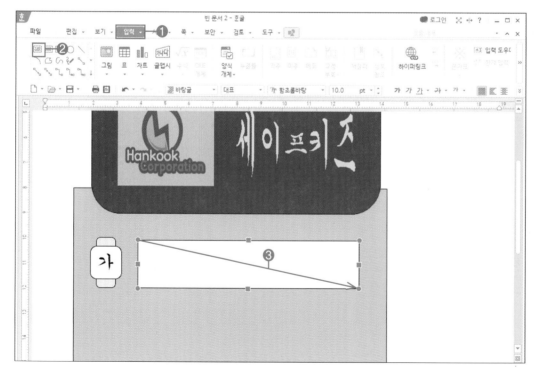

17 커서가 위치한 곳에 ❶'충분한 준비 운동'을 입력하고 ❷글꼴을 '돋움', 글자 크기는 '18pt', 정렬을 '가운데 정렬'로 설정합니다.

18 글상자를 선택한 후 활성화된 ❶[도형] 탭의 ❷'도형 윤곽선'의 목록 단추를 클릭합니다. ❸'선 종류'에서 ❹'파선'을 클릭합니다.

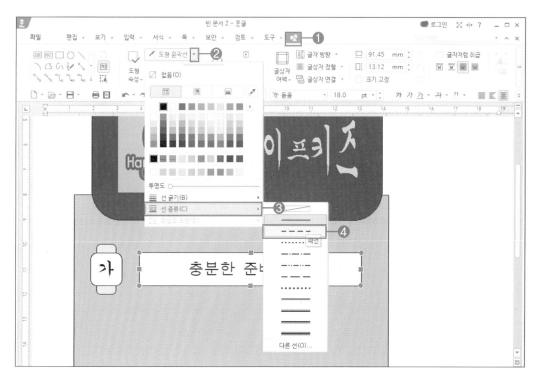

19 ❶[도형] 탭의 ❷'도형 채우기'의 목록 단추를 클릭하여 ❸'없음'을 클릭합니다.

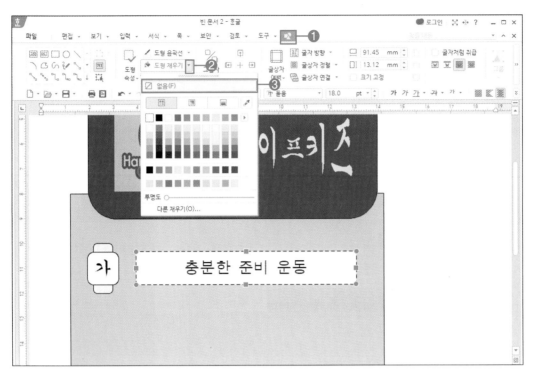

20 삽입한 여러 도형을 선택하기 위해 [Ctrl] + [Shift] 를 누른 상태로 다음과 같이 도형을 클릭합니다.

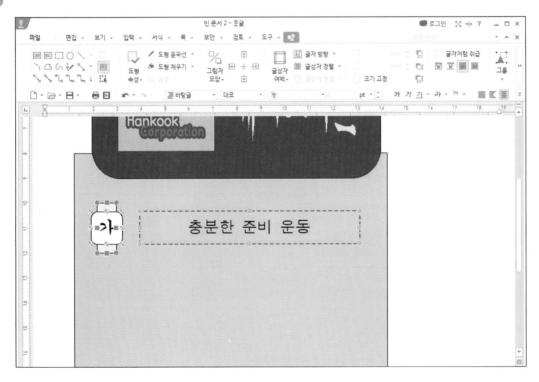

21 도형들이 선택되면 [Ctrl] + [Shift] 를 계속 누른 상태로 ≪출력형태≫와 같은 위치에 도형을 아래로 드래그하여 두 개를 수직·수평 복사합니다.

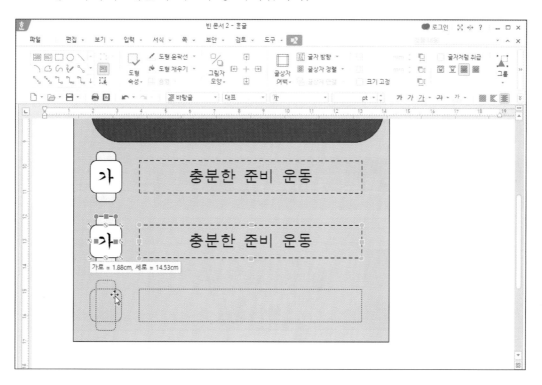

22 글상자의 텍스트를 수정하고 각 도형의 색상을 임의의 색으로 수정합니다. 입력이 끝나면 저장하여 완성합니다.

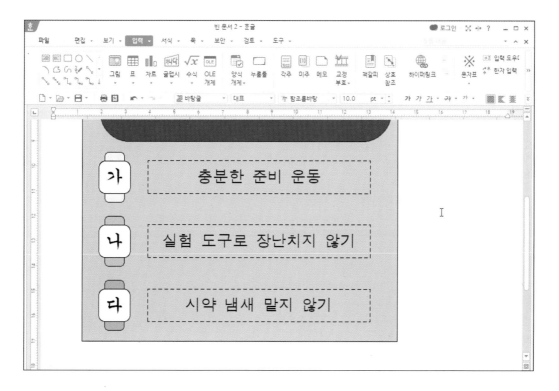

■ ■ 완성파일 : 실력팡팡₩도형예제_완성.hwp

01 다음의 ≪조건≫에 따라 ≪출력형태≫와 같이 문서를 작성하시오. (110점)

조건 (1) 그리기 도구를 이용하여 작성하고, 모든 도형(글맵시, 지정된 그림 포함)을 ≪출력형태≫와 같이 작성하시오.
(2) 도형의 면 색은 지시사항이 없으면, 색 없음을 제외하고 서로 다르게 임의로 지정하시오.

출력형태

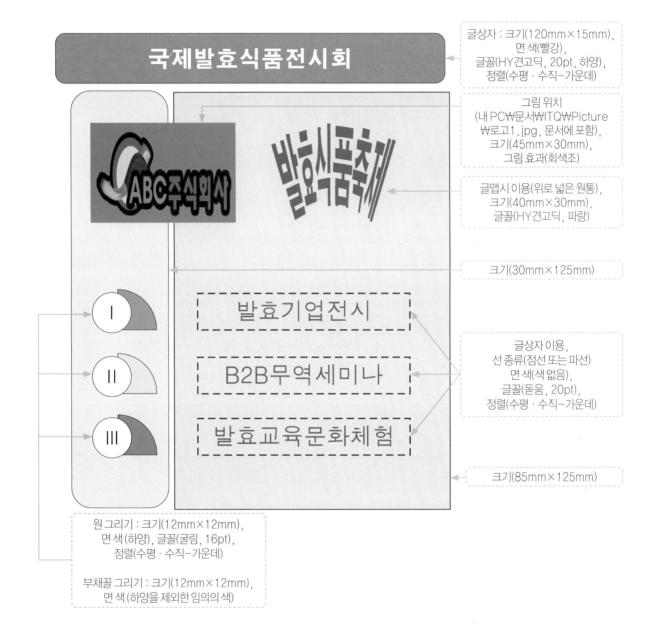

02 다음의 ≪조건≫에 따라 ≪출력형태≫와 같이 문서를 작성하시오. (110점)

조건 (1) 그리기 도구를 이용하여 작성하고, 모든 도형(글맵시, 지정된 그림 포함)을 ≪출력형태≫와 같이 작성하시오.
(2) 도형의 면 색은 지시사항이 없으면, 색 없음을 제외하고 서로 다르게 임의로 지정하시오.

출력형태

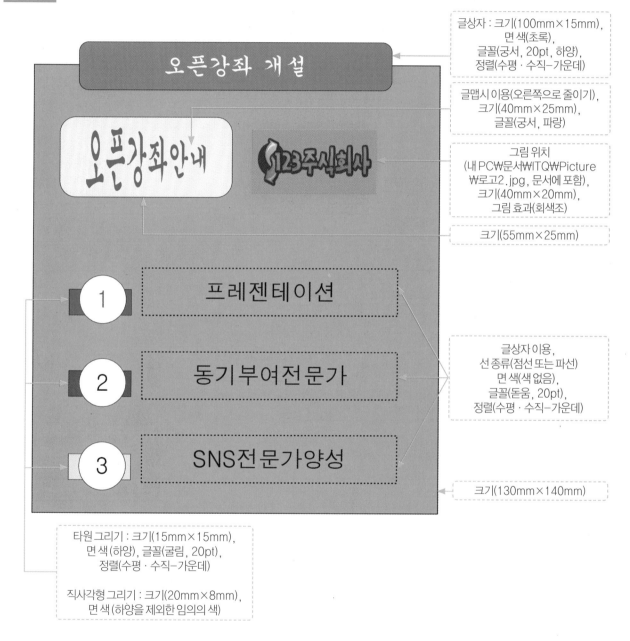

글상자 : 크기(100mm×15mm),
면 색(초록),
글꼴(궁서, 20pt, 하양),
정렬(수평 · 수직-가운데)

글맵시 이용(오른쪽으로 줄이기),
크기(40mm×25mm),
글꼴(궁서, 파랑)

그림 위치
(내 PC₩문서₩ITQ₩Picture
₩로고2.jpg, 문서에 포함),
크기(40mm×20mm),
그림 효과(회색조)

크기(55mm×25mm)

글상자 이용,
선종류(점선 또는 파선)
면 색(색 없음),
글꼴(돋움, 20pt),
정렬(수평 · 수직-가운데)

크기(130mm×140mm)

타원 그리기 : 크기(15mm×15mm),
면 색(하양), 글꼴(굴림, 20pt),
정렬(수평 · 수직-가운데)

직사각형 그리기 : 크기(20mm×8mm),
면 색(하양을 제외한 임의의 색)

03 다음의 ≪조건≫에 따라 ≪출력형태≫와 같이 문서를 작성하시오. (110점)

조건 (1) 그리기 도구를 이용하여 작성하고, 모든 도형(글맵시, 지정된 그림 포함)을 ≪출력형태≫와 같이 작성하시오.

(2) 도형의 면 색은 지시사항이 없으면, 색 없음을 제외하고 서로 다르게 임의로 지정하시오.

출력형태

글상자 : 크기(110mm×15mm),
면 색(초록),
글꼴(돋움, 20pt, 하양),
정렬(수평·수직-가운데)

SNS와 지역커뮤니티 활용

글맵시 이용(두줄 원형),
크기(45mm×25mm),
글꼴(굴림, 파랑)

지역커뮤니티

123주식회사

그림 위치
(내 PC₩문서₩ITQ₩Picture
₩로고2.jpg, 문서에 포함),
크기(40mm×30mm),
그림 효과(회색조)

크기(120mm×45mm)

트위터

페이스북

블로그

트윗당과 해시태그

그룹과 페이지

지역행사홍보

글상자 이용,
선 종류(점선 또는 파선)
면 색(색 없음),
글꼴(굴림, 20pt),
정렬(수평·수직-가운데)

크기(120mm×60mm)

직사각형 그리기 : 크기(25mm×10mm),
면 색(하양), 글꼴(돋움, 16pt),
정렬(수평·수직-가운데)

활모양 그리기 : 크기(12mm×12mm),
면 색(하양을 제외한 임의의 색)

04 다음의 ≪조건≫에 따라 ≪출력형태≫와 같이 문서를 작성하시오. (110점)

조건 (1) 그리기 도구를 이용하여 작성하고, 모든 도형(글맵시, 지정된 그림 포함)을 ≪출력형태≫와 같이 작성하시오.
　　 (2) 도형의 면 색은 지시사항이 없으면, 색 없음을 제외하고 서로 다르게 임의로 지정하시오.

출력형태

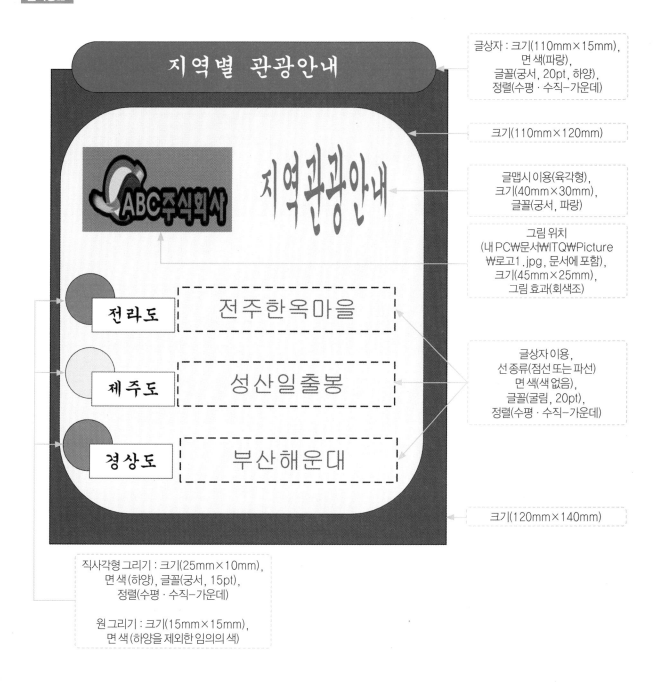

글상자 : 크기(110mm×15mm),
　　　 면 색(파랑),
　　　 글꼴(궁서, 20pt, 하양),
　　　 정렬(수평 · 수직-가운데)

크기(110mm×120mm)

글맵시 이용(육각형),
크기(40mm×30mm),
글꼴(궁서, 파랑)

그림 위치
(내 PC₩문서₩ITQ₩Picture
₩로고1.jpg, 문서에 포함),
크기(45mm×25mm),
그림 효과(회색조)

글상자 이용,
선 종류(점선 또는 파선)
면 색(색 없음),
글꼴(굴림, 20pt),
정렬(수평 · 수직-가운데)

크기(120mm×140mm)

직사각형 그리기 : 크기(25mm×10mm),
　　 면 색(하양), 글꼴(궁서, 15pt),
　　 정렬(수평 · 수직-가운데)

원 그리기 : 크기(15mm×15mm),
　　 면 색(하양을 제외한 임의의 색)

문서작성 능력평가

문서 작성을 위한 다양한 문서 능력을 평가하는 문항입니다. 앞서 학습한 내용과 더불어 책갈피, 하이퍼링크, 머리말/꼬리말 삽입, 덧말 넣기, 각주, 쪽번호 등을 학습합니다.

책갈피 삽입하기

- 책갈피를 넣을 부분의 앞을 클릭한 후 [입력] 탭의 [책갈피]를 클릭하거나 [입력] 탭의 목록 단추를 클릭하여 [책갈피]를 클릭합니다.
- [책갈피] 대화상자의 '책갈피 이름'에 내용을 입력하고 [넣기]를 클릭합니다.
- 내용을 잘못 입력하였다면 '책갈피 이름 바꾸기'를 클릭하여 이름 수정이 가능하며, '삭제'를 클릭하여 삽입된 책갈피를 삭제할 수 있습니다.

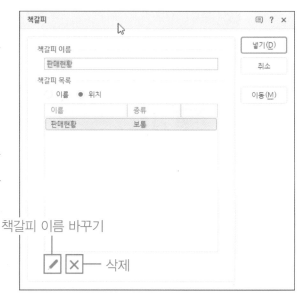

하이퍼링크 삽입하기

- 하이퍼링크로 설정할 내용을 블록으로 설정하거나 개체를 선택한 다음 [입력] 탭의 [하이퍼링크]를 클릭하거나 [입력] 탭의 목록 단추를 클릭하여 [하이퍼링크]를 클릭합니다.
- [하이퍼링크] 대화상자에서 '책갈피'에 등록된 부분을 선택해 연결할 수도 있습니다.
- 하이퍼링크가 잘못 연결되었을 경우 연결된 개체를 선택하고 마우스 오른쪽 버튼의 [하이퍼링크]를 클릭하여 [하이퍼링크 고치기] 대화상자의 [연결 안 함]을 클릭합니다.

머리말/꼬리말 삽입하기

- [쪽] 탭의 목록 단추를 클릭하여 [머리말/꼬리말]을 클릭하거나 [쪽] 탭의 [머리말]을 클릭하여 [머리말/꼬리말]을 클릭합니다.
- 머리말 또는 꼬리말을 삽입하면 화면은 쪽 윤곽으로 변경되며, 이 상태에서 머리말 영역과 꼬리말 영역을 더블 클릭하여 내용을 수정할 수 있습니다.
- 머리말과 꼬리말 입력이 끝나면 [머리말/꼬리말 닫기]를 클릭하여 본문 편집 상태로 돌아갈 수 있습니다.

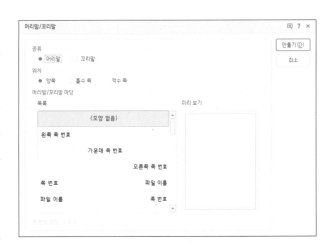

한자와 특수 문자 입력하기

- 한자로 변환할 글자 뒤를 클릭하고 [한자] 또는 [F9]를 누른 다음 해당 한자를 선택하고, 입력 형식을 선택합니다.
- 특수 문자는 [입력] 탭의 목록 단추를 클릭하여 [문자표]를 클릭하거나 [Ctrl] + [F10]을 누릅니다.
- [한글(HNC)문자표] 탭의 '전각 기호(일반)' 문자 영역에서 해당 문자를 선택하여 삽입합니다.

글자 모양 설정하기

- 글자를 블록 설정한 후 서식 도구 상자를 이용하거나 [Alt] + [L] 또는 마우스 오른쪽 버튼을 눌러 [글자 모양]을 선택합니다.
- [글자 모양] 대화상자의 [기본] 탭에서 '글꼴', '크기', '장평', '자간', '속성' 등을 설정할 수 있습니다.
- [확장] 탭에서 '그림자', '밑줄', '외곽선 모양', '강조점'을 설정할 수 있습니다.

문단 모양 설정하기

- [서식] 또는 [편집] 탭에서 [문단 모양]을 클릭하거나 또는 마우스 오른쪽 버튼을 눌러 [문단 모양]을 클릭합니다.
- [문단 모양] 대화상자의 [기본] 탭에서 '정렬 방식', '여백', '들여쓰기/내어쓰기', '줄 간격', '문단 간격' 등을 설정할 수 있습니다.

덧말 넣기

- 덧말을 넣을 부분을 블록 설정하고 [입력] 탭의 목록 단추를 클릭해 [덧말 넣기]를 선택합니다.
- [덧말 넣기] 대화상자의 [덧말]에 내용을 입력하고 '덧말 위치'를 선택합니다. 덧말의 글자 크기와 색은 자동으로 설정되며 덧말 스타일을 설정할 수도 있습니다.
- 덧말을 수정하려면 덧말이 삽입된 내용 앞에 커서를 위치시키고 마우스 오른쪽 버튼을 눌러 [덧말 고치기]를 클릭하거나 덧말을 더블 클릭하면 [덧말 편집] 대화상자에서 수정할 수 있습니다.
- 덧말을 삭제하려면 덧말이 삽입된 내용 앞에 커서를 위치시키고 마우스 오른쪽 버튼을 눌러 [덧말 지우기]를 클릭합니다.

문단 첫 글자 장식하기

- 문단의 첫 글자를 클릭하고 [서식] 탭의 [문단 첫 글자 장식]을 클릭합니다.
- [문단 첫 글자 장식] 대화상자에서 '모양', '글꼴', '테두리', '선 종류', '면 색' 등을 설정할 수 있습니다.
- 문단 첫 글자 장식을 해제하려면 [문단 첫 글자 장식] 대화상자의 '모양'에서 '없음'을 선택합니다.

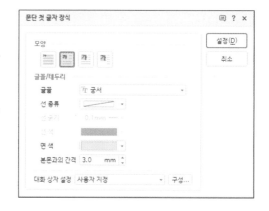

각주 삽입하기

- 각주를 넣을 단어의 뒤를 클릭하고 [입력] 탭의 [각주]를 클릭합니다.
- 페이지 하단의 각주 영역에 내용을 입력합니다.
- 주석 도구 모음에서 [번호 모양]을 클릭하면 각주 번호 모양을 변경할 수 있습니다.

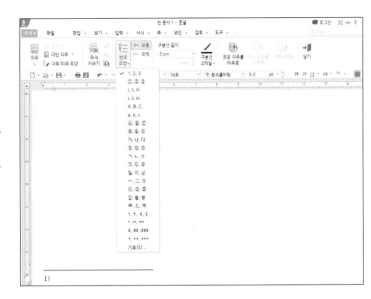

문단 번호 설정하기

- 문단 번호 설정은 [서식] 탭의 [문단 번호]의 목록 단추를 클릭하여 [문단 번호 모양]을 클릭합니다.
- 문단 번호와 글머리표, 그림 글머리표를 설정할 수 있습니다.
- [문단 번호/글머리표] 대화상자에서 [사용자 정의]를 클릭하면 문단 번호의 모양을 수준에 따라 각각 다르게 설정할 수 있습니다.

쪽 번호와 새 번호 넣기

- [쪽] 탭의 [쪽 번호 매기기]를 클릭합니다.
- [쪽 번호 매기기] 대화상자에서 '번호 위치'와 '번호 모양'을 선택할 수 있습니다.
- [쪽] 탭의 [새 번호로 시작]을 클릭하여 [새 번호로 시작] 대화상자에서 '시작 번호'를 변경할 수도 있습니다.

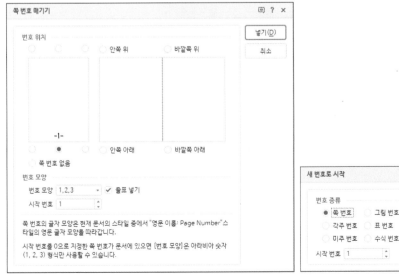

■ ■ ■ 준비파일 : 출제유형₩문서작성능력.hwp / 완성파일 : 출제유형₩문서작성능력_완성.hwp

책갈피 기능과 하이퍼링크 기능을 활용하여 기능평가 II와 문서작성 능력평가를 완성시킬 수 있어야 합니다.

다음의 《조건》에 따라 《출력형태》와 같이 문서를 작성하시오. (110점)

조건

(1) 그리기 도구를 이용하여 작성하고, 모든 도형(글맵시, 지정된 그림 포함)을 《출력형태》와 같이 작성하시오.

(2) 도형의 면 색은 지시사항이 없으면, 색 없음을 제외하고 서로 다르게 임의로 지정하시오.

출력형태

글상자 : 크기(90mm×17mm),
면 색(빨강),
글꼴(굴림, 22pt, 하양),
정렬(수평·수직-가운데)

크기(120mm×60mm)

글맵시 이용(나비넥타이),
크기(50mm×35mm),
글꼴(궁서, 노랑)

그림 위치(내 PC₩문서₩ITQ₩
Picture₩로고3.jpg, 문서에 포
함), 크기(40mm×35mm),
그림효과(회색조)

하이퍼링크 : 문서작성 능력평가의
"어린이 안전은 우리의 소중한 미래"
제목에 설정한 책갈피로 이동

글상자 이용,
선 종류(점선 또는 파선)
면 색(색 없음),
글꼴(돋움, 18pt),
정렬(수평·수직-가운데)

크기(130mm×90mm)

직사각형 그리기 : 크기(13mm×13mm),
면 색(하양), 글꼴(궁서, 20pt),
정렬(수평·수직-가운데)

직사각형 그리기 : 크기(8mm×20mm),
면 색(하양을 제외한 임의의 색)

출력형태

글꼴 : 돋움, 18pt, 진하게, 가운데 정렬
책갈피 이름 : 안전, 덧말 넣기

머리말 기능
궁서, 10pt, 오른쪽 정렬 → 어린이 안전

문단 첫글자 장식 기능
글꼴 : 굴림, 면색 : 노랑

세이프 키즈 코리아
어린이 안전은 우리의 소중한 미래

그림위치(내PC₩문서₩ITQ₩Picture₩그림4.jpg
자르기 기능 이용, 크기(40mm×35mm), 바깥 여백 왼쪽 : 2mm

사고는 연령, 성별, 지역의 구분 없이 언제 어디서나 발생할 수 있지만, 어린이의 경우 안전에 대한 지식이나 사고 대처 능력 또는 지각 능력이 부족하여 사고가 사망으로 이어지는 일이 빈번하다. 우리나라에서도 매년 수많은 아동이 교통사고, 물놀이 사고, 화재 등 각종 안전사고로 목숨을 잃고 있다. 우리나라 1~9세 어린이 사망의 약 12.6%가 안전사고로 인해 발생하며, 전체 사망 원인 중 2위에 해당한다. 또한, 10~19세 어린이와 청소년 사망의 18.1%가 안전사고로 인해 발생하였으며, 전체 사망 원인 중 2위에 해당한다. 따라서 체계적이고 지속적인 안전 대책(對策)이 반드시 마련되어야 한다.

각주

세이프 키즈는 1988년 미국의 국립 어린이 병원을 중심으로 창립(創立)되어 세계 23개국이 함께 어린이의 안전을 위해 활동하는 비영리® 국제 어린이 안전 기구이다. 세이프 키즈 코리아는 세이프 키즈 월드와이드의 한국 법인으로 2001년 12월에 창립되었다. 국내 유일의 비영리 국제 어린이 안전 기구로서 어린이의 안전사고 유형 분석 및 유형별 예방법 제시, 각종 어린이 안전 캠페인 및 안전 교육 시행, 안전 교육 교재 개발 등을 통하여 어린이의 안전에 힘쓰고 있다.

♠ 자전거 타기 안전 수칙

글꼴 : 궁서, 18pt, 하양
음영색 : 파랑

  A. 자전거의 구조 알아두기

    1. 경음기 : 위험을 알릴 때 사용한다.

    2. 반사경 : 불빛에 반사되어 자전거가 잘 보이도록 한다.

  B. 자전거 타기 안전습관

    1. 항상 자전거 안전모를 쓴다.

    2. 횡단보도를 건널 때에는 자전거에서 내려 걷는다.

문단 번호 기능 사용
1수준 : 20pt, 오른쪽 정렬,
2수준 : 30pt, 오른쪽 정렬,
줄 간격 : 180%

표 전체글꼴 : 돋움, 10pt, 가운데 정렬,
셀 배경(그러데이션) : 유형(세로),
시작 색(하양), 끝 색(노랑)

♠ 세이프 키즈 코리아 활동 모델

글꼴 : 궁서, 18pt,
밑줄, 강조점

구분	내용	비고
예방 대책 프로그램	어린이 사고 관련 데이터의 질적 향상	교통, 학교, 놀이, 화재, 전기, 가스, 식품, 약물 등 관련 사항
예방 대책 프로그램	사고 예방 교육 자료 개발 및 교육 활동 전략	교통, 학교, 놀이, 화재, 전기, 가스, 식품, 약물 등 관련 사항
현장 활동	실제 교육장에서의 어린이 안전 교육	교통, 학교, 놀이, 화재, 전기, 가스, 식품, 약물 등 관련 사항
현장 활동	체험 실습 안전 교육 및 각종 교육 캠페인	교통, 학교, 놀이, 화재, 전기, 가스, 식품, 약물 등 관련 사항
행정적 협조	자료수집 및 교육과 캠페인 활동을 수행하기 위한 행정협조	교통, 학교, 놀이, 화재, 전기, 가스, 식품, 약물 등 관련 사항

글꼴 : 굴림, 24pt, 진하게,
장평 : 105%, 오른쪽 정렬

세이프키즈코리아

각주 구분선 : 5cm

ⓐ 자본의 이익을 추구하지 않는 대신 그 자본으로 특정 목적을 달성하는 것

쪽번호 매기기
5으로 시작 → - 5 -

01 2페이지에 커서를 위치한 후 문단 번호를 제외하고 다음과 같이 문서를 입력합니다.

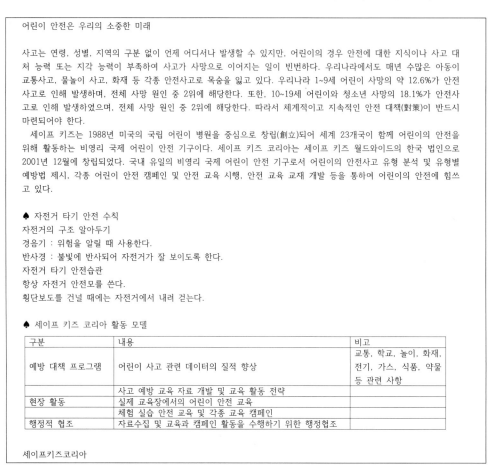

어린이 안전은 우리의 소중한 미래

사고는 연령, 성별, 지역의 구분 없이 언제 어디서나 발생할 수 있지만, 어린이의 경우 안전에 대한 지식이나 사고 대처 능력 또는 지각 능력이 부족하여 사고가 사망으로 이어지는 일이 빈번하다. 우리나라에서도 매년 수많은 아동이 교통사고, 물놀이 사고, 화재 등 각종 안전사고로 목숨을 잃고 있다. 우리나라 1~9세 어린이 사망의 약 12.6%가 안전사고로 인해 발생하며, 전체 사망 원인 중 2위에 해당한다. 또한, 10~19세 어린이와 청소년 사망의 18.1%가 안전사고로 인해 발생하였으며, 전체 사망 원인 중 2위에 해당한다. 따라서 체계적이고 지속적인 안전 대책(對策)이 반드시 마련되어야 한다.
　세이프 키즈는 1988년 미국의 국립 어린이 병원을 중심으로 창립(創立)되어 세계 23개국이 함께 어린이의 안전을 위해 활동하는 비영리 국제 어린이 안전 기구이다. 세이프 키즈 코리아는 세이프 키즈 월드와이드의 한국 법인으로 2001년 12월에 창립되었다. 국내 유일의 비영리 국제 어린이 안전 기구로서 어린이의 안전사고 유형 분석 및 유형별 예방법 제시, 각종 어린이 안전 캠페인 및 안전 교육 시행, 안전 교육 교재 개발 등을 통하여 어린이의 안전에 힘쓰고 있다.

♠ 자전거 타기 안전 수칙
자전거의 구조 알아두기
경음기 : 위험을 알릴 때 사용한다.
반사경 : 불빛에 반사되어 자전거가 잘 보이도록 한다.
자전거 타기 안전습관
항상 자전거 안전모를 쓴다.
횡단보도를 건널 때에는 자전거에서 내려 걷는다.

♠ 세이프 키즈 코리아 활동 모델

구분	내용	비고
예방 대책 프로그램	어린이 사고 관련 데이터의 질적 향상	교통, 학교, 놀이, 화재, 전기, 가스, 식품, 약물 등 관련 사항
현장 활동	사고 예방 교육 자료 개발 및 교육 활동 전략	
	실제 교육장에서의 어린이 안전 교육	
	체험 실습 안전 교육 및 각종 교육 캠페인	
행정적 협조	자료수집 및 교육과 캠페인 활동을 수행하기 위한 행정협조	

세이프키즈코리아

02 책갈피를 삽입하기 위해 제목 앞에 커서를 두고 ❶[입력] 탭의 ❷[책갈피]를 클릭합니다. [책갈피] 대화상자에서 책갈피 이름에 ❸'안전'이라고 입력한 다음 ❹[넣기]를 클릭합니다.

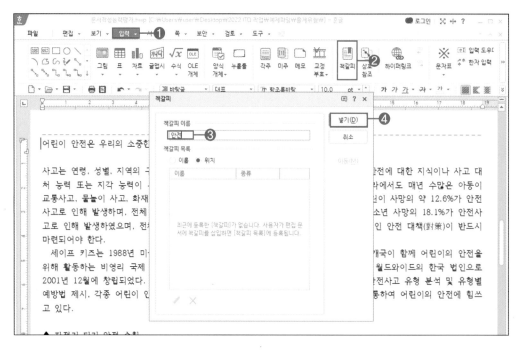

03 1페이지에서 하이퍼링크가 삽입될 ❶그림을 선택하고 ❷[입력] 탭의 [하이퍼링크]를 클릭합니다.

04 [하이퍼링크] 대화상자에서 ❶[한글 문서] 탭을 클릭하고 ❷'안전'을 선택하고 ❸[넣기]를 클릭합니다.

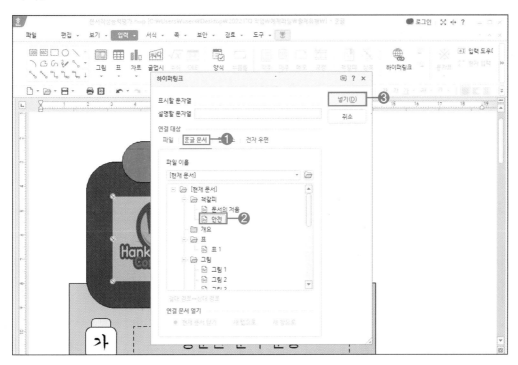

01 제목을 블록 설정한 다음 서식 도구 상자를 이용하여 ❶글꼴은 '돋움', 글자 크기는 '18pt', 속성은 '진하게', '가운데 정렬'로 설정합니다.

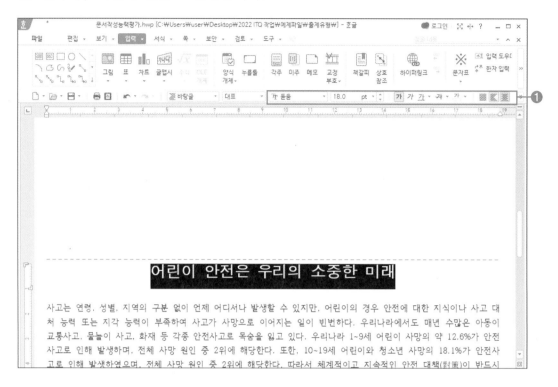

02 글자 모양이 지정된 상태에서 블록을 해제하지 않고 ❶[입력] 탭의 목록 단추를 클릭하여 ❷[덧말 넣기]를 클릭합니다. [덧말 넣기] 대화상자에서 덧말에 ❸'세이프 키즈 코리아'라고 입력하고 덧말 위치를 ❹'위'로 선택한 다음 ❺[넣기]를 클릭합니다.

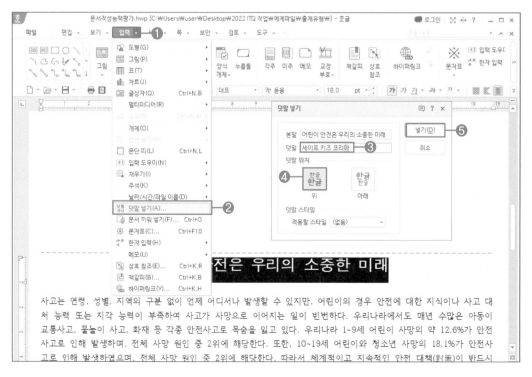

01 첫 번째 문단의 첫 글자 '사' 앞에 커서를 위치시키고 ❶[서식] 탭의 ❷[문단 첫 글자 장식]을 클릭합니다.

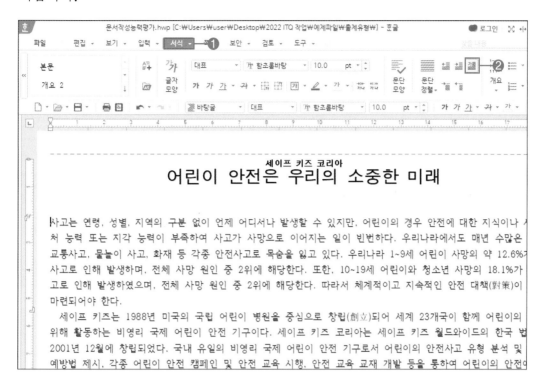

02 [문단 첫 글자 장식] 대화상자에서 ❶모양은 '2줄', ❷글꼴은 '굴림', ❸면 색은 '노랑'으로 지정하고 ❹[설정]을 클릭합니다.

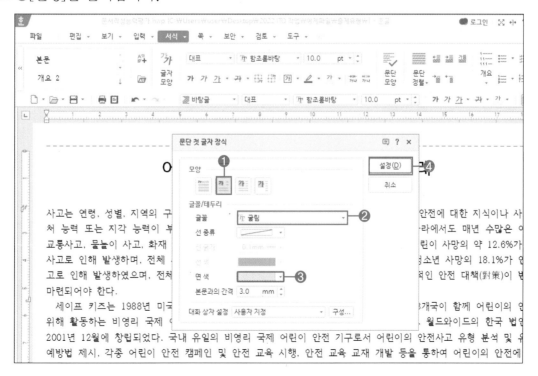

01 각주를 넣을 단어 ❶'비영리' 뒤에 커서를 놓고 [입력] 탭의 ❷[각주]를 클릭합니다.

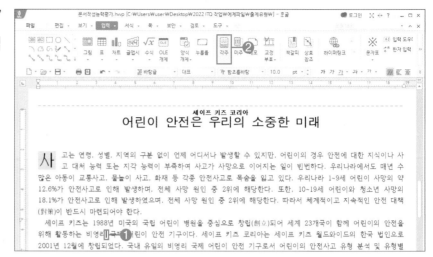

02 페이지 하단에 각주 영역이 자동으로 설정됩니다. 각주 영역에 ❶'자본의 이익을 추가하지 않는 대신 그 자본으로 특정 목적을 달성하는 것'이라고 입력한 다음 각주 도구 모음에서 ❷'번호 모양'을 'ⓐ, ⓑ, ⓒ'로 바꿉니다.

03 각주 내용에 블록을 설정한 후 ❶글꼴은 '함초롬바탕', 크기를 '10pt'로 변경한 후 ❷[닫기]를 클릭하거나 본문 영역을 클릭해도 됩니다.

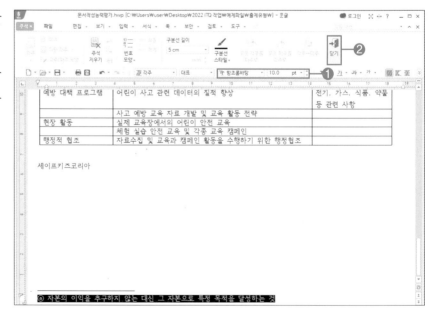

01 문서에 그림을 삽입하기 위해 ❶[입력] 탭의 ❷[그림]을 클릭합니다. [그림 넣기] 대화상자에서 [내 PC₩문서₩ITQ₩Picture] 폴더의 ❸'그림4.jpg' 파일을 선택한 다음 ❹'문서에 포함'과 '마우스로 크기 지정'에 체크하고 ❺[열기]를 클릭합니다.

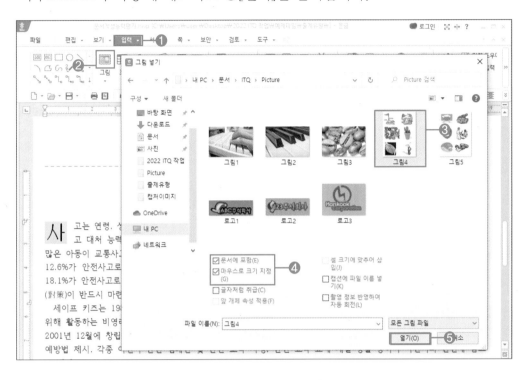

02 드래그하여 그림을 삽입하고 활성화된 [그림] 탭에서 ❶[자르기]를 클릭합니다. 테두리가 표시되면 마우스를 올려놓은 다음 ❷드래그하여 그림을 ≪출력형태≫와 같이 자릅니다.

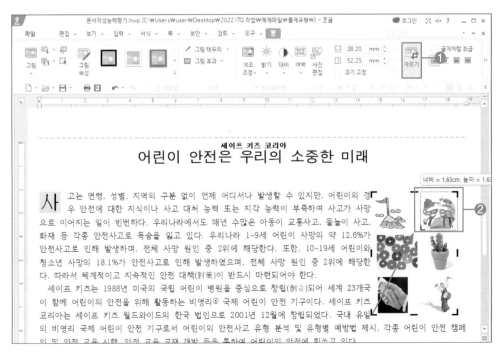

03 ❶그림을 더블 클릭하여 [개체 속성] 대화상자가 나타나면 ❷[기본] 탭의 크기에 ❸너비를 '40mm', 높이를 '35mm'로 입력하고 ❹'크기 고정'에 체크합니다. 본문과의 배치는 ❺'어울림'으로 선택합니다.

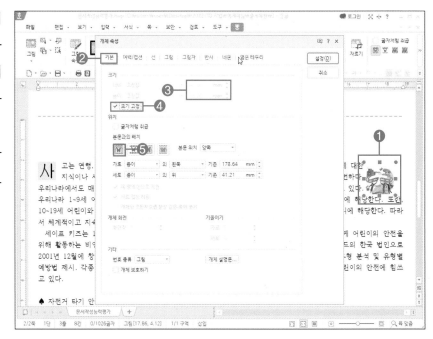

04 ❶[여백/캡션] 탭에서 바깥 여백 왼쪽에 ❷'2mm'로 입력한 다음 ❸[설정]을 클릭합니다.

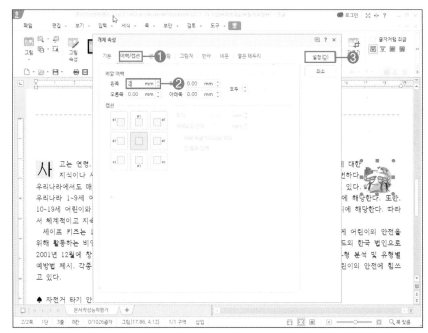

05 그림을 《출력형태》와 동일한 위치에 배치합니다.

세이프 키즈 코리아
어린이 안전은 우리의 소중한 미래

사고는 연령, 성별, 지역의 구분 없이 언제 어디서나 발생할 수 있지만, 어린이의 경우 안전에 대한 지식이나 사고 대처 능력 또는 지각 능력이 부족하여 사고가 사망으로 이어지는 일이 빈번하다. 우리나라에서도 매년 수많은 아동이 교통사고, 물놀이 사고, 화재 등 각종 안전사고로 목숨을 잃고 있다. 우리나라 1~9세 어린이 사망의 약 12.6%가 안전사고로 인해 발생하며, 전체 사망 원인 중 2위에 해당한다. 또한, 10~19세 어린이와 청소년 사망의 18.1%가 안전사고로 인해 발생하였으며, 전체 사망 원인 중 2위에 해당한다. 따라서 체계적이고 지속적인 안전 대책(對策)이 반드시 마련되어야 한다.

세이프 키즈는 1988년 미국의 국립 어린이 병원을 중심으로 창립(創立)되어 세계 23개국이 함께 어린이의 안전을 위해 활동하는 비영리® 국제 어린이 안전 기구이다. 세이프 키즈 코리아는 세이프 키즈 월드와이드의 한국 법인으로 2001년 12월에 창립되었다. 국내 유일의 비영리 국제 어린이 안전 기구로서 어린이의 안전사고 유형 분석 및 유형별 예방법 제시, 각종 어린이 안전 캠페인 및 안전 교육 시행, 안전 교육 교재 개발 등을 통하여 어린이의 안전에 힘쓰고 있다.

01 중간 제목을 블록 설정한 후 서식 도구 상자에서 ❶글꼴은 '궁서', 크기는 '18pt'로 지정합니다.

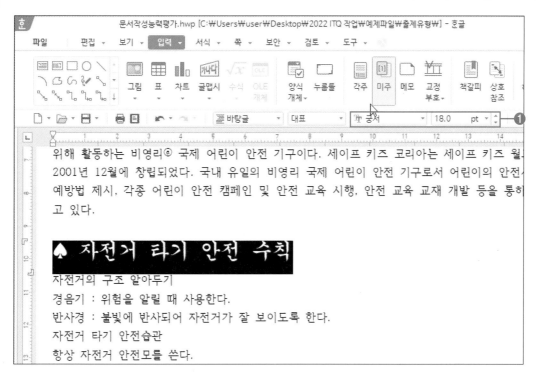

02 특수 문자를 제외한 중간 제목을 블록으로 지정한 다음 ❶[서식] 탭의 ❷[글자 모양]을 클릭합니다. [글자 모양] 대화상자에서 ❸[기본] 탭의 글자 색은 '하양', 음영 색은 '파랑'으로 지정하고 ❹ [설정]을 클릭합니다.

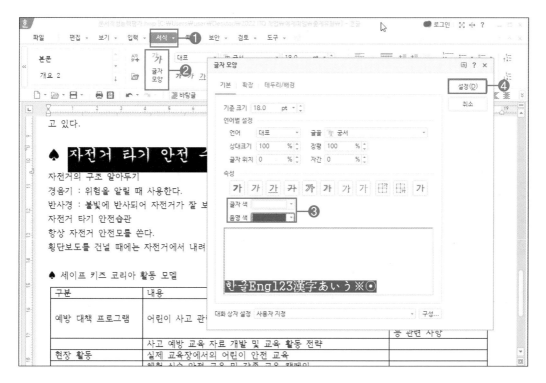

03 문단 번호를 지정할 범위를 블록 설정한 다음 ❶[서식] 탭의 ❷[문단 번호]의 목록 단추를 클릭하여 ❸[문단 번호 모양]을 클릭합니다.

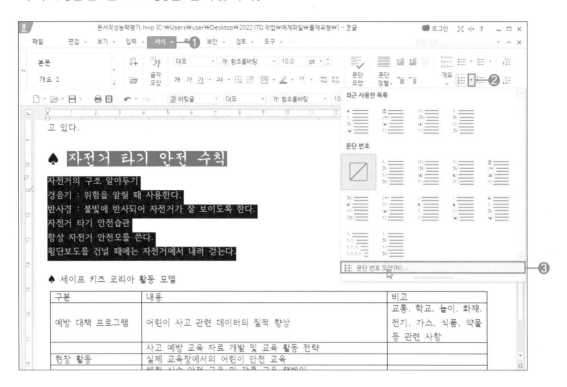

04 [글머리표 및 문단 번호] 대화상자에서 [문단 번호] 탭의 문단 번호 모양에서 ≪출력형태≫와 비슷한 ❶'A,1,가,(a)..'를 선택하고 ❷[사용자 정의]를 클릭합니다.

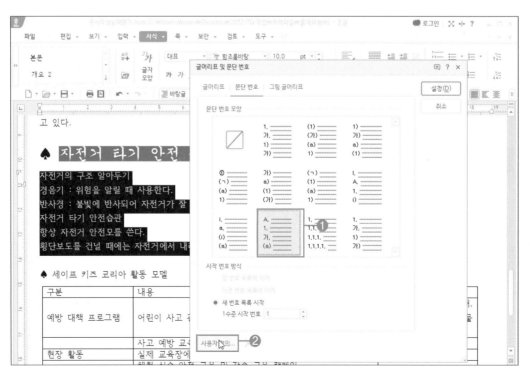

05 [문단 번호 사용자 정의 모양] 대화상자에서 1수준의 ❶너비를 '20'으로 지정하고 ❷정렬을 '오른쪽'으로 설정합니다.

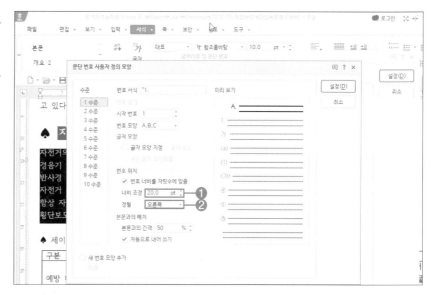

06 [문단 번호 사용자 정의 모양] 대화상자에서 수준을 ❶'2수준'으로 선택하고 현재 번호 모양을 클릭하여 ❷'1,2,3'로 선택합니다.

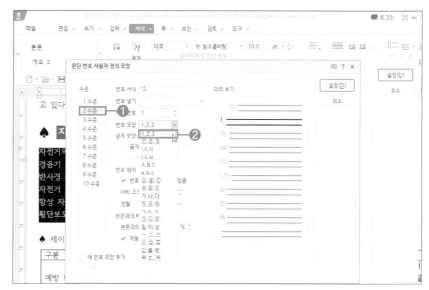

07 '2수준'의 너비를 ❶'30'으로 지정하고 ❷정렬을 '오른쪽'으로 설정하고 ❸[설정]을 클릭합니다.

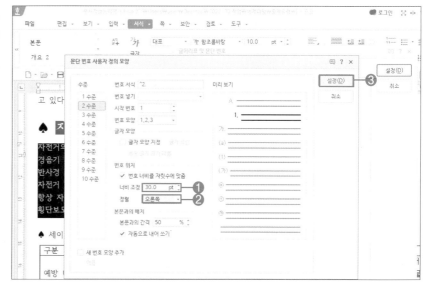

08 ❶등록한 문단 번호를 선택하고 [글머리표 및 문단 번호] 대화상자에서 ❷[설정]을 클릭합니다.

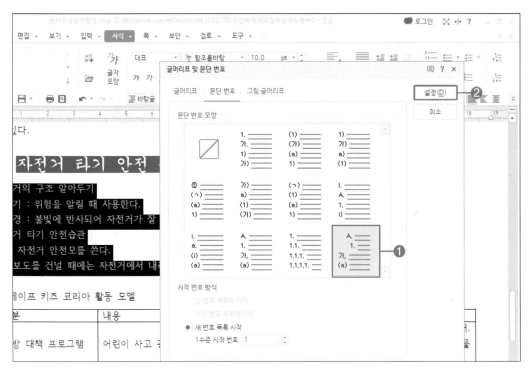

09 두 번째 단락의 2수준을 넣기 위해 다음과 같이 블록으로 범위를 지정한 후 ❶[서식] 탭의 ❷[한 수준 감소]를 클릭하여 문단 수준을 감소합니다.

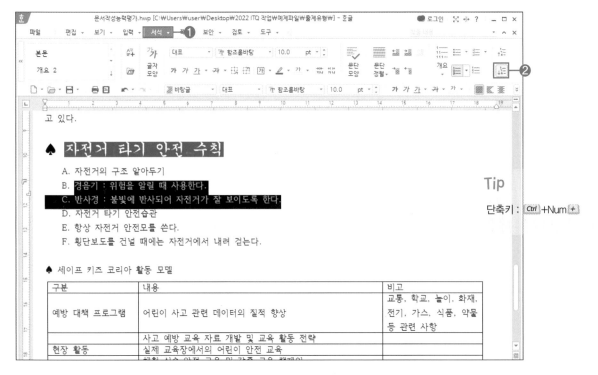

Tip

단축키 : Ctrl +Num +

10 같은 방법으로 아래에도 블록으로 설정한 다음 ❶[서식] 탭의 ❷[한 수준 감소]를 클릭하여 문단 수준을 감소합니다.

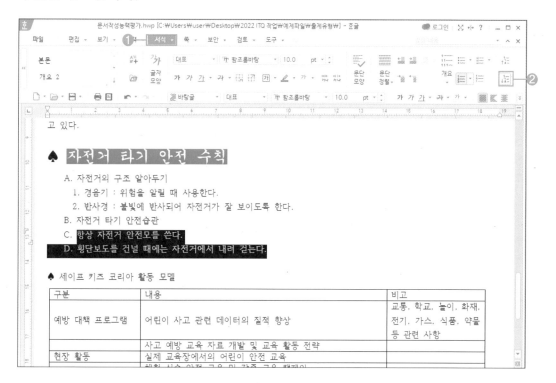

11 다음과 같이 블록을 설정하고 서식 도구 상자에 ❶줄 간격을 '180%'으로 설정합니다.

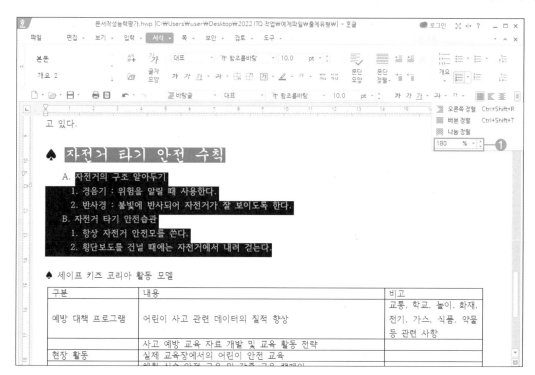

01 중간 제목을 블록 설정한 후 서식 도구 상자에서 ❶글꼴은 '궁서', 크기는 '18pt'로 지정합니다.

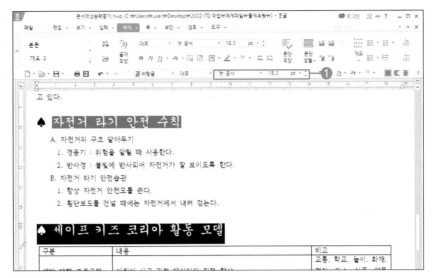

02 특수 문자를 제외한 중간 제목을 블록 설정한 다음 ❶[서식] 탭의 ❷[글자 모양]을 클릭합니다. [글자 모양] 대화상자에서 [기본] 탭에서 ❸속성을 '밑줄'로 선택하고 ❹[설정]을 클릭합니다.

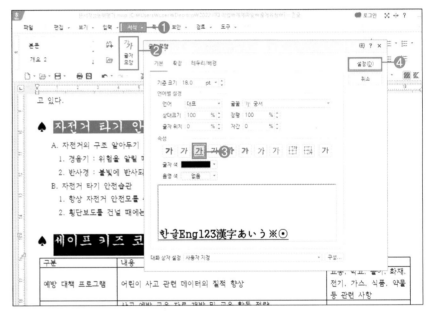

03 강조점을 넣을 범위를 블록 설정한 다음 ❶[서식] 탭의 ❷[글자 모양]을 클릭합니다. [글자 모양] 대화상자의 [확장] 탭에서 《출력형태》와 같은 ❸강조점을 선택하고 ❹[설정]을 클릭합니다.

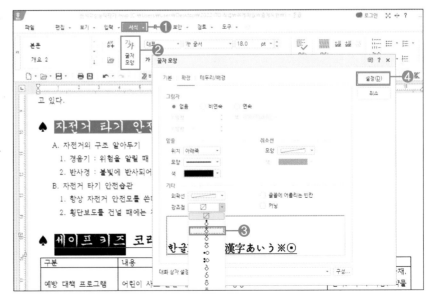

04 표 안을 전체 드래그하여 서식 도구 상자에서 ❶글꼴을 '굴림', 글자 크기를' 10pt', 정렬은 '가운데 정렬'로 설정합니다.

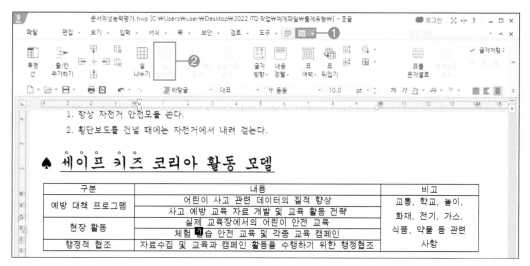

05 셀을 블록 설정한 후 [표 레이아웃] 탭의 [셀 합치기]를 클릭하여 ≪출력형태≫와 같이 셀을 병합합니다.

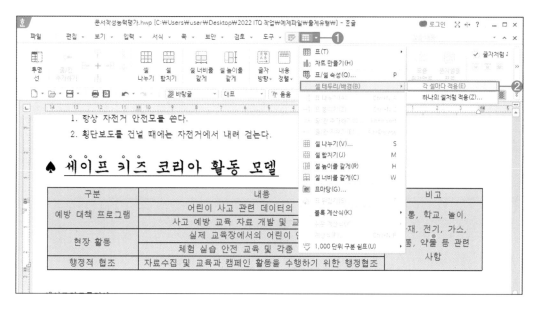

06 셀을 블록 설정한 후 셀 높이를 적당히 조절한 다음, ❶[표 레이아웃] 탭 목록 단추를 클릭하여 ❷'셀 테두리/배경'–'각 셀마다 적용'을 클릭합니다.

07 [셀 테두리/배경] 대화상자의 [테두리] 탭에서 테두리 종류를 ❶'이중 실선'으로 선택하고 적용 위치는 ❷'바깥쪽'을 선택하고 ❸[적용]을 클릭합니다.

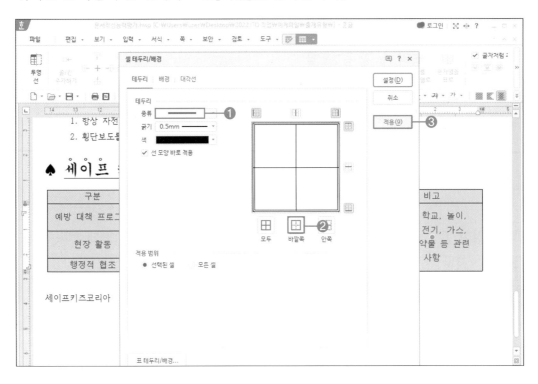

08 양쪽 옆 테두리를 투명으로 하기 위해 다시 테두리 종류에서 ❶'선 없음'을 선택하고 적용 위치를 ❷'왼쪽'과 '오른쪽'을 클릭한 다음 ❸[설정]을 클릭합니다.

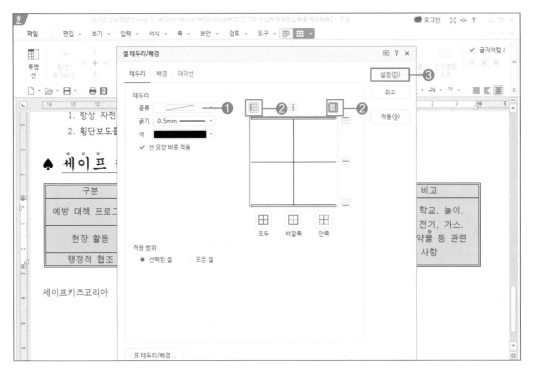

09 첫 행을 드래그하여 블록 설정한 다음 마우스 오른쪽 버튼을 눌러 ❶[셀 테두리/배경]의 ❷[각 셀마다 적용]을 클릭합니다.

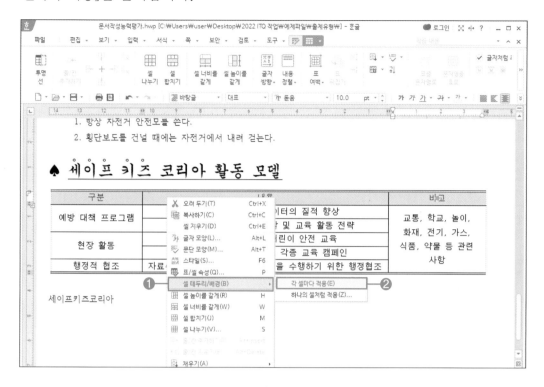

10 [셀 테두리/배경] 대화상자의 [테두리] 탭에서 테두리 종류를 ❶'이중 실선'으로 선택하고 적용 위치는 ❷'아래쪽'을 선택한 후 ❸[배경] 탭을 클릭합니다.

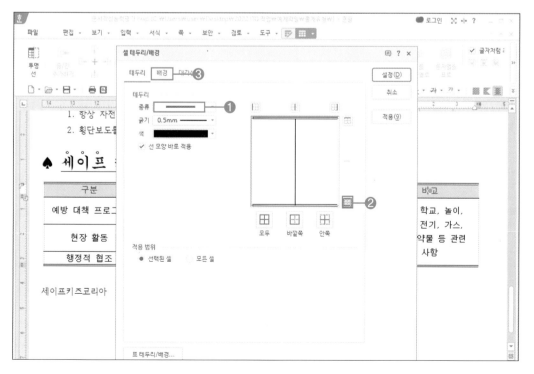

11 [배경] 탭에서 ❶'그러데이션'에 체크하고 ❷시작 색을 '하양', 끝 색을 '노랑', 유형을 ❸'세로'로 설정하고 ❹[설정]을 클릭합니다.

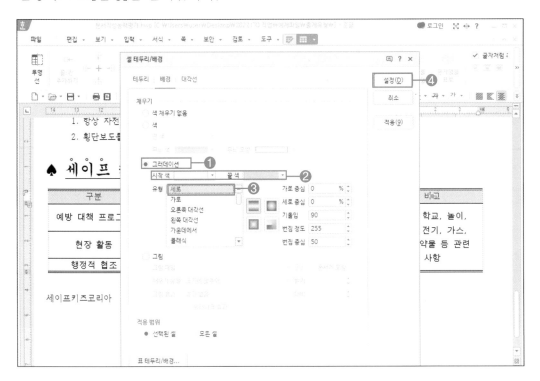

12 문서 마지막 ❶'세이프키즈코리아'를 블록 설정한 후 서식 도구 상자에서 정렬을 ❷'가운데 정렬'로 지정합니다. 문서의 마지막 기관명에 장평과 자간을 지정하기 위해 ❸[서식] 탭의 ❹[글자 모양]을 클릭합니다. [기본] 탭에서 ❺글꼴을 '굴림', 크기를 '24pt', 장평은 '105%', 속성은 '진하게'로 설정한 다음 ❻[설정]을 클릭합니다.

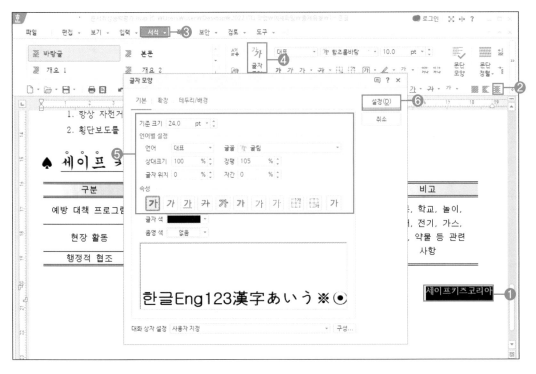

01 제목 앞에 커서를 위치시키고 ❶[쪽] 탭의 ❷[머리말]을 클릭한 후 ❸[머리말/꼬리말]을 선택합니다.

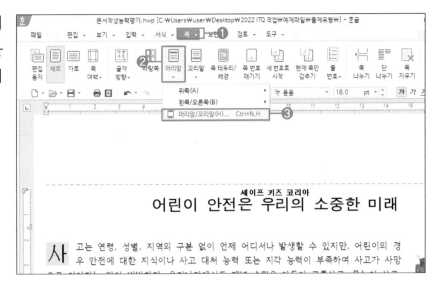

02 [머리말/꼬리말] 대화상자에서 ❶종류를 '머리말'로 선택하고 ❷[만들기]를 클릭합니다.

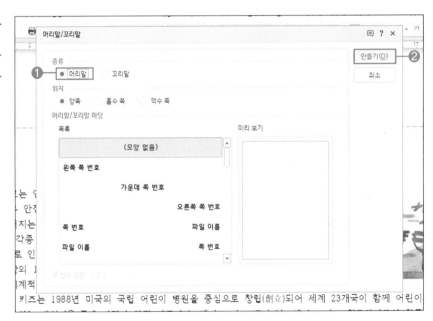

03 머리말(양쪽) 영역에 《출력형태》와 같이 '어린이 안전'이라고 입력한 다음 블록 설정합니다. 서식 도구 상자에서 ❶글꼴은 '궁서', 크기는 '10pt', 정렬은 '오른쪽 정렬'로 지정한 다음 ❷[머리말/꼬리말 닫기]를 클릭합니다.

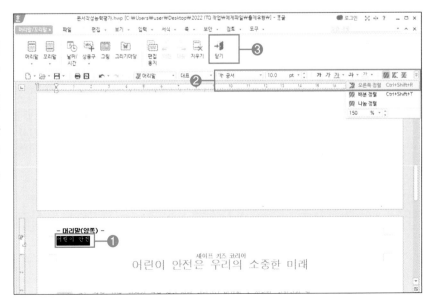

01 ❶[쪽] 탭의 ❷[쪽 번호 매기기]를 클릭합니다. [쪽 번호 매기기] 대화상자의 ❸번호 위치를 '오른쪽 아래', ❹번호 모양을 '1, 2, 3'으로 선택하고 ❺[넣기]를 클릭합니다.

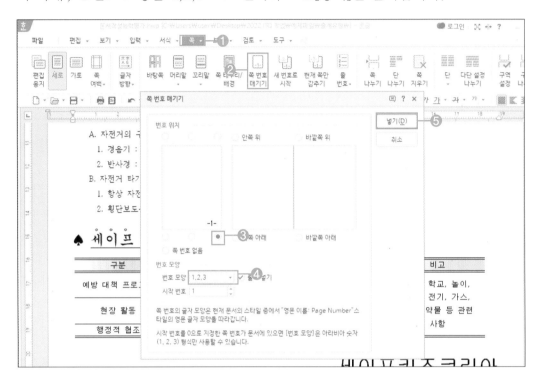

02 쪽 번호를 수정하기 위해 ❶[쪽] 탭의 ❷[새 번호로 시작]을 클릭합니다. [새 번호로 시작] 대화상자에서 ❸시작 번호를 '5'로 수정한 후 ❹[넣기]를 클릭합니다.

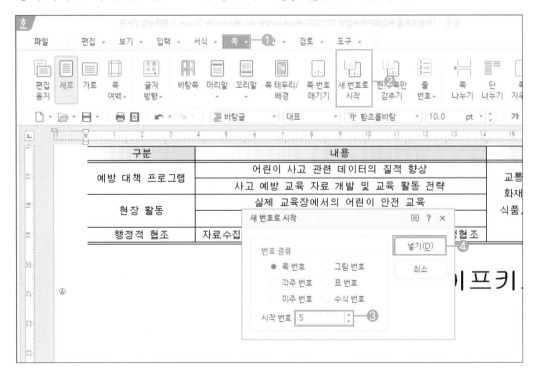

03 1페이지의 쪽 번호를 숨기기 위해 커서를 1페이지로 이동합니다. ❶[쪽] 탭의 ❷[현재 쪽만 감추기]를 클릭합니다. [감추기] 대화상자에서 ❸'쪽 번호'에 체크하고 ❹[설정]을 클릭합니다.

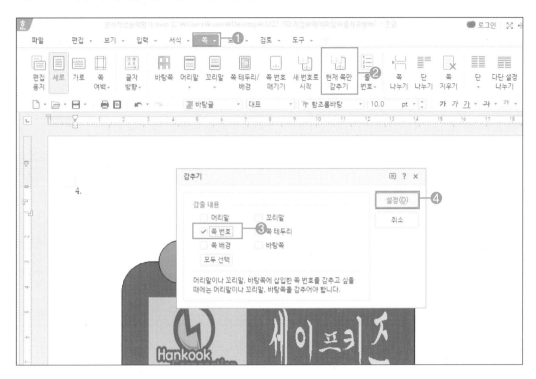

04 완성된 문서를 Alt + S 를 눌러 저장합니다.

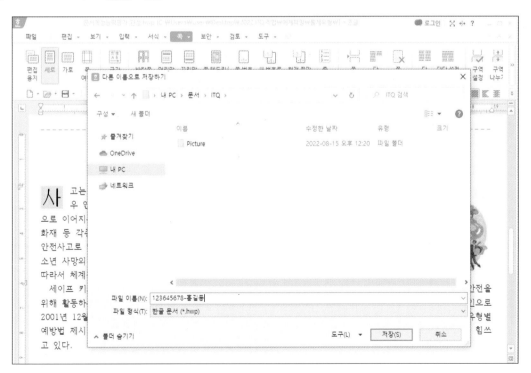

■ ■ 완성파일 : 실력팡팡₩문서작성1_완성.hwp

01 다음의 ≪조건≫에 따라 ≪출력형태≫와 같이 문서를 작성하시오. (110점)

조건 (1) 그리기 도구를 이용하여 작성하고, 모든 도형(글맵시, 지정된 그림 포함)을 ≪출력형태≫와 같이 작성하시오.
(2) 도형의 면 색은 지시사항이 없으면, 색 없음을 제외하고 서로 다르게 임의로 지정하시오.

출력형태

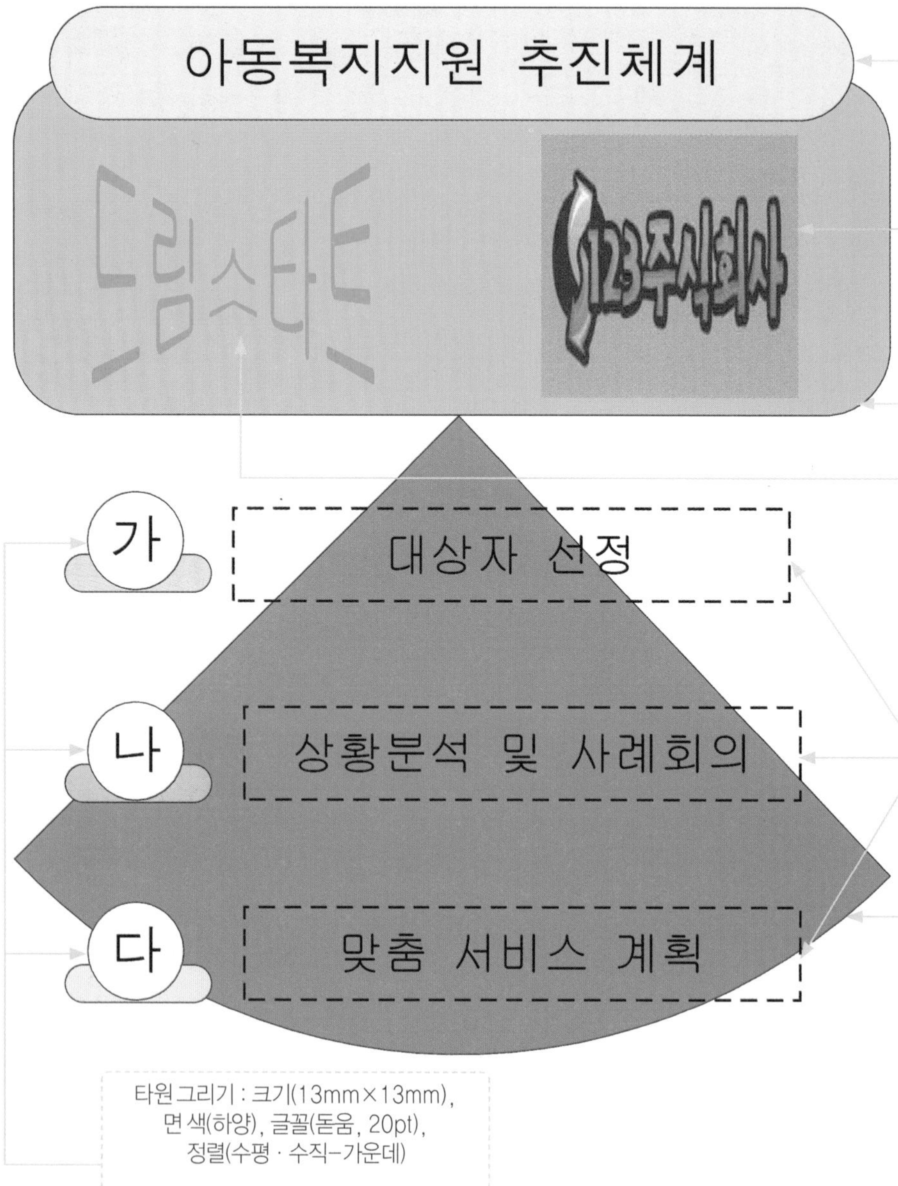

글상자 : 크기(110mm×15mm),
면 색(노랑),
글꼴(돋움, 20pt, 검정),
정렬(수평 · 수직-가운데)

그림 위치
(내 PC₩문서₩ITQ₩Picture₩
로고2.jpg, 문서에 포함),
크기(35mm×35mm),
그림 효과(회색조)

하이퍼링크 : 문서작성 능력평가의
"지역사회 아동복지지원사업"
제목에 설정한 책갈피로 이동

크기(120mm×45mm)

글맵시 이용(나비넥타이)
크기(40mm×35mm),
글꼴(굴림, 빨강)

글상자 이용,
선 종류(점선 또는 파선),
면 색(색 없음),
글꼴(굴림, 18pt),
정렬(수평 · 수직-가운데)

크기(120mm×120mm)

타원 그리기 : 크기(13mm×13mm),
면 색(하양), 글꼴(돋움, 20pt),
정렬(수평 · 수직-가운데)

직사각형 그리기 : 크기(20mm×5mm),
면 색(하양을 제외한 임의의 색)

출력형태

글꼴 : 궁서, 21pt, 진하게, 가운데 정렬
책갈피 이름 : 아동복지, 덧말 넣기

머리말 기능
돋움, 10pt, 오른쪽 정렬 → 우주센터 건설

아동통합서비스
지역사회 아동복지지원사업

문단 첫 글자 장식 기능
글꼴 : 돋움, 면색 : 노랑

그림위치(내 PC₩문서₩ITQ₩Picture₩그림5.jpg, 문서에 포함
자르기 기능 이용, 크기(40mm×30mm), 바깥 여백 왼쪽 : 2mm

지역아동센터는 1985년부터 도시의 빈곤밀집 지역과 농산어촌을 중심으로 지역사회 안에서 안전한 보호를 받지 못하는 아동들을 위한 공부방 활동을 중심으로 생겨나기 시작하였다. 정부는 이러한 공부방을 공적(公的) 전달체계로 구축하기 위해 2004년 1월 29일 아동복지법을 개정하여 지역아동센터를 아동복지시설로 규정하고 지원을 시작하였다.

각주

기존의 사후치료적인 서비스를 대신 사전 예방적이고 능동적인 복지를 추구하고자 하는 드림스타트 사업㉠은 취약지역에 거주하는 만 12세 이하 저소득층 아동가구 및 임산부를 대상으로 집중적이고 예방적인 통합서비스를 통해 공평한 출발기회를 보장하고, 나아가 빈곤의 대물림을 방지하기 위한 종합적인 아동복지정책이다. 즉, 기초수급 또는 차상위계층 등 사회적 위기에 직면하고 있는 가구 및 아동에 대해 아이들에게는 건강, 복지, 보육 등 맞춤형 통합서비스를, 부모들에게는 부모 교육프로그램 실시 및 직업훈련과 고용촉진 서비스를 연계하여 아동의 전인적(全人的) 발달을 도모함과 동시에 가족기능을 회복시켜 안정적이고 공평한 양육여건을 보장하는 프로그램들로 구성되어 있다.

◆ 아동복지시설 인프라 확충

글꼴 : 굴림, 18pt, 하양
음영색 : 파랑

  A. 아동복지시설 보호
    ① 시설종사자 처우개선 및 종사자의 2교대 근무 실시
    ② 지역특성에 맞는 효율적 집행을 위해 운영자의 자율성 강화
  B. 아동공동생활가정(그룹홈)
    ① 2010년 그룹홈수는 416개소 계속 증가추세
    ② 그룹홈의 운영 활성화 및 내실화를 위해 컨설팅 실시

문단 번호 기능 사용
1수준 : 20pt, 오른쪽 정렬,
2수준 : 30pt, 오른쪽 정렬,
줄 간격 : 180%

◆ 복지시설 퇴소 아동자립지원

글꼴 : 굴림, 18pt,
기울임, 강조점

표 전체글꼴 : 돋움, 10pt, 가운데 정렬,
셀 배경(그러데이션) : 유형(왼쪽 대각선),
시작 색(하양), 끝 색(노랑)

자립서비스	세부지원내용	계획 수립 진행
정착금지원	퇴소 후 기초비용으로 월 100-500만원 제공	- 만 15세가 되면 퇴소 후 대비책 수립
주거지원	전세자금 우선지원, 공동생활가정 입주 지원	
	영구임대 우선분양	- 직업훈련체험, 직업관련 정보제공 등이 퇴소전까지 이루어짐
	취업 후 일정기간 자립지원시설 거주 가능	
취업지원	폴리텍대학 입학 우선기회 부여	
	뉴스타트 프로젝트 지원	

- 이밖에도 아동 및 장애인의 실종 예방 및 실종가족의 지원마련대책을 모색하고 있다.

아동복지정책지원국

글꼴 : 돋움, 25pt, 진하게,
장평 : 110%, 가운데 정렬

각주 구분선 : 5cm

쪽 번호 매기기
2로 시작

㉠ 2012년 현재 전국 232개 지역에서 사업진행 중으로 계속 확대해 나갈 예정

- 2 -

■ ■ ● 완성파일 : 실력팡팡₩문서작성3_완성.hwp

02 다음의 ≪조건≫에 따라 ≪출력형태≫와 같이 문서를 작성하시오. (110점)

조건 (1) 그리기 도구를 이용하여 작성하고, 모든 도형(글맵시, 지정된 그림 포함)을 ≪출력형태≫와 같이 작성하시오.

(2) 도형의 면 색은 지시사항이 없으면, 색 없음을 제외하고 서로 다르게 임의로 지정하시오.

출력형태

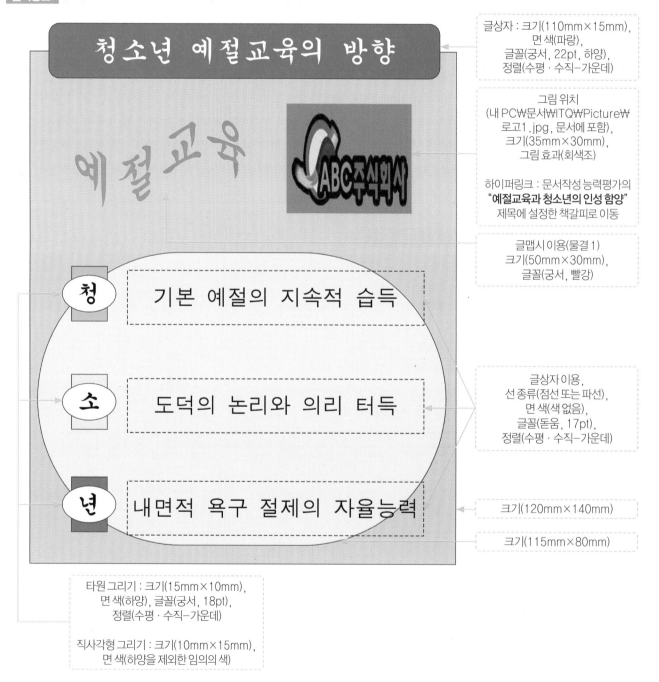

글상자 : 크기(110mm×15mm),
면 색(파랑),
글꼴(궁서, 22pt, 하양),
정렬(수평 · 수직−가운데)

그림 위치
(내 PC₩문서₩ITQ₩Picture₩
로고1.jpg, 문서에 포함),
크기(35mm×30mm),
그림 효과(회색조)

하이퍼링크 : 문서작성 능력평가의
"예절교육과 청소년의 인성 함양"
제목에 설정한 책갈피로 이동

글맵시 이용(물결 1)
크기(50mm×30mm),
글꼴(궁서, 빨강)

글상자 이용,
선종류(점선 또는 파선),
면 색(색없음),
글꼴(돋움, 17pt),
정렬(수평 · 수직−가운데)

크기(120mm×140mm)

크기(115mm×80mm)

타원 그리기 : 크기(15mm×10mm),
면 색(하양), 글꼴(궁서, 18pt),
정렬(수평 · 수직−가운데)

직사각형 그리기 : 크기(10mm×15mm),
면 색(하양을 제외한 임의의 색)

출력형태

글꼴 : 궁서, 20pt, 진하게, 가운데 정렬
책갈피 이름 : 예절교육, 덧말 넣기

머리말 기능
굴림, 10pt, 오른쪽정렬 ▶ 범국민 윤리

문단 첫글자 장식 기능
글꼴 : 돋움, 면색 : 노랑

예절캠페인
예절교육과 청소년의 인성 함양

그림위치(내 PC₩문서₩ITQ₩Picture₩그림4.jpg, 문서에 포함
자르기 기능 이용, 크기(40mm×30mm), 바깥 여백 왼쪽 : 2mm

청소년은 미래의 주인공이라는 사실은 아무리 강조해도 지나치지 않을 것이다. 이렇듯 우리나라는 물론 세계를 이끌어 갈 바람직한 인재를 육성하기 위해 학교 교육과 더불어 바른 인성을 함양하고 건강한 정서를 형성할 수 있는 제도적 장치가 필요하다 하겠다. 요즘처럼 세계화의 흐름 속에서 청소년들이 외래문화(外來文化)의 무분별한 유입으로 발생하는 정서적인 불안정이나 문화적인 갈등을 극복하기 위해서는 가정과 학교 그리고 사회에서 반드시 필요한 예절과 규범 등의 체계적인 교육이 수반되어야 한다. 일례로 학교 폭력을 예방하고 문제 청소년을 교화하는 등 인성 회복과 인간관계의 근본적인 이해에 역점을 두어야 한다. 아울러 다양한 예절교육 프로그램을 시행하여 올바른 사고와 가치관을 정립시켜 나눔을 실천하는 긍정적이고 미래지향적인 개체로 거듭나도록 지도해야 할 것이다.

각주

이와 함께 전통과 현대의 조화를 위한 예절교육 프로그램을 통해 소외된 결손가정Ⓐ의 아이들에게 예절과 공중도덕을 체계적으로 교육해야 한다. 산업화와 정보화 등으로 의사소통이 단절되어 가는 삭막한 사회에서 조상(祖上)의 예절 문화를 청소년들에게 교육함으로써 인격과 예의 그리고 건전한 풍속의 기초를 다지고자 한다.

▶ ## 예절교육의 기본 내용

글꼴 : 돋움, 18pt, 하양
음영색 : 빨강

가) 교육 내용

　a) 예절의 기원 : 동방예의지국, 한국의 예의 문화

　b) 가정예절, 학교예절, 전통예절, 사회예절, 질서와 환경

나) 예절 캠페인 실시

　a) 올바른 질서의식 함양을 위한 예절교육

　b) 교육 후 예절 실천운동의 필요성을 알리는 캠페인 실시

문단 번호 기능 사용
1수준 : 15pt, 오른쪽 정렬,
2수준 : 25pt, 오른쪽 정렬,
줄 간격 : 180%

▶ ## 청소년 예절교육 프로그램 개요

글꼴 : 돋움, 18pt,
밑줄, 강조점

표 전체 글꼴 : 굴림, 10pt, 가운데 정렬,
셀 배경(그러데이션) : 유형(수평),
시작 색(노랑), 끝 색(하양)

과목	내용	시간	과목	내용	시간
가정예절	부모를 향한 효도	4시간	학교예절	스승을 향한 존경심	5시간
	형제자매 간의 예절			급우와 이성 간의 예절	
	뿌리 찾기			수업 중 예절	
전통예절	한복 바로 입기	7시간	질서와 환경	함께 사는 지구	2시간
	올바른 절하기			질서 준수	
	관혼상제 예절			자연과 환경 보호	

- 본 프로그램은 전국 초등학교와 중학교의 강당이나 별도의 시설에서 실시됩니다.

청소년예절문화원

글꼴 : 궁서, 24pt, 진하게,
장평 : 120%, 가운데 정렬

각주 구분선 : 5cm

Ⓐ 부모의 한쪽 또는 양쪽이 부재하여 미성년인 자녀를 제대로 돌보지 못하는 가정

쪽번호 매기기
5로 시작

－ E －

■ ■ 완성파일 : 실력팡팡₩문서작성3_완성.hwp

03 다음의 ≪조건≫에 따라 ≪출력형태≫와 같이 문서를 작성하시오. (110점)

조건
(1) 그리기 도구를 이용하여 작성하고, 모든 도형(글맵시, 지정된 그림 포함)을 ≪출력형태≫와 같이 작성하시오.
(2) 도형의 면 색은 지시사항이 없으면, 색 없음을 제외하고 서로 다르게 임의로 지정하시오.

출력형태

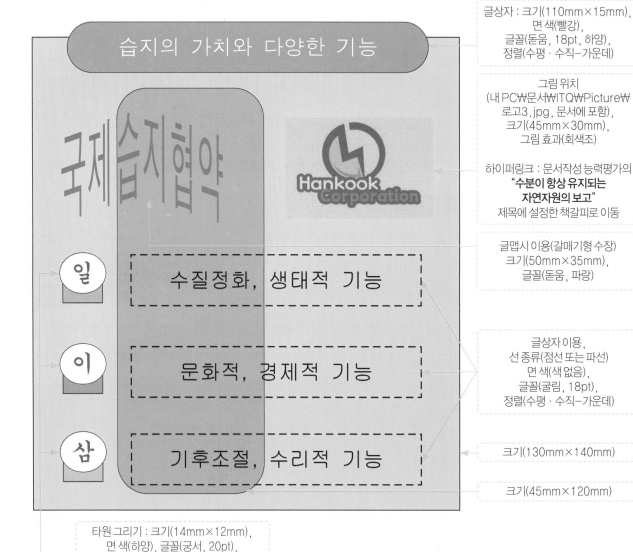

글상자 : 크기(110mm×15mm),
면 색(빨강),
글꼴(돋움, 18pt, 하양),
정렬(수평 · 수직-가운데)

그림 위치
(내 PC₩문서₩ITQ₩Picture₩
로고3.jpg, 문서에 포함),
크기(45mm×30mm),
그림 효과(회색조)

하이퍼링크 : 문서작성 능력평가의
**"수분이 항상 유지되는
자연자원의 보고"**
제목에 설정한 책갈피로 이동

글맵시 이용(갈매기형 수장)
크기(50mm×35mm),
글꼴(돋움, 파랑)

글상자 이용,
선 종류(점선 또는 파선)
면 색(색 없음),
글꼴(굴림, 18pt),
정렬(수평 · 수직-가운데)

크기(130mm×140mm)

크기(45mm×120mm)

타원 그리기 : 크기(14mm×12mm),
면 색(하양), 글꼴(궁서, 20pt),
정렬(수평 · 수직-가운데)

직사각형 그리기 : 크기(12mm×12mm),
면 색(하양을 제외한 임의의 색)

머리말 기능
궁서, 10pt, 오른쪽 정렬 → **자연의 자원**

글꼴 : 돋움, 20pt, 진하게, 가운데 정렬
책갈피 이름 : 습지, 덧말넣기

습지의 기능
수분이 항상 유지되는 자연자원의 보고

문단 첫 글자 장식 기능
글꼴 : 굴림, 면색 : 노랑

그림위치(내 PC\문서\ITQ\Picture\그림4.jpg, 문서에 포함
자르기 기능 이용, 크기(45mm×40mm), 바깥 여백 왼쪽 : 2mm

습지는 물이 흐르다 불투수성 내지는 흐름이 정체되어 오랫동안 고이는 과정을 통하여 생성된 지역으로서 생산과 소비의 균형(均衡)을 갖추고 다양한 생명체를 키우는 완벽한 하나의 생태계이다. 많은 생명체에게 서식처를 제공하고 더불어 습지의 생명체들은 생태계를 안정된 수준으로 유지하는 역할을 한다. 습지는 자연적인 것도 인공적인 것도 포함하며, 또한 영속적인 것이나 일시적인 것이나, 물이 체류하고 있거나 흐르고 있거나, 혹은 담수이건 기수이건 염수이건 간에 습원이나 소택지, 이탄지, 혹은 하천이나 호소 등의 수역으로, 수심이 간조 시에 6m를 넘지 않는 해역을 포함한다.

이러한 습지ⓘ(濕地)는 지구의 수많은 물리, 화학, 유전인자의 원천이자 저장소이며 변화의 산실로서 인류에게 매우 중요한 환경이다. 습지는 자연현상 및 인간의 활동으로 발생한 유기질과 무기질을 변화시키고, 수문, 수리, 화학적 순환 과정에서 자연적으로 수질을 정화한다. 습지는 홍수와 해안 침식 방지, 지하수 충전을 통한 지하수량 조절의 역할을 담당하며, 다양한 종류의 동식물군이 아름답고도 특이한 심미적 경관을 만들어 낸다.

각주

● 습지에 관한 람사협약

글꼴 : 굴림, 18pt, 하양
음영색 : 파랑

가) 람사협약(Ramsar Convention) 가입 필요성

　　a) 물새 서식지 및 야생조수 보호를 위한 국제적 노력에 동참

　　b) 자료수집, 정보교류, 공동연구 등의 사무국 및 체약국 간 협조 용이

나) 람사협약 가입 당사국의 의무

　　a) 가입국은 협약 가입 시 1개 이상의 국내 습지 지정

　　b) 람사습지로 지정된 습지의 추가 또는 축소 시 사무국에 통보

문단 번호 기능 사용
1수준 : 15pt, 오른쪽 정렬,
2수준 : 25pt, 오른쪽 정렬,
줄 간격 : 180%

표 전체 글꼴 : 돋움, 10pt, 가운데 정렬,
셀 배경(그러데이션) : 유형(가운데에서),
시작 색(노랑), 끝 색(하양)

● <u>습지의 분류</u>

글꼴 : 굴림, 18pt, 밑줄, 강조점

분류	아계	장소	분류	아계	장소
연안습지	연안	도서지방 조간대	내륙습지	하천	하구를 제외한 강의 주변
	하구	바다로 흐르는 강의 하구		호소	저수지
	호소/소택	석호		소택	배후습지 및 고산습지
	만조 때 물에 잠기고 간조 때 드러나는 지역			육지 또는 섬 안에 있는 호소와 하구	

- 출처 : 국립환경연구원. 습지의 이해. 2001

세계 습지의 날

글꼴 : 돋움, 20pt, 진하게,
장평 : 120%, 가운데 정렬

각주 구분선 : 5cm

ⓘ 하천, 연못, 늪으로 둘러싸인 습한 땅으로 자연적인 환경에 의해 항상 수분이 유지되는 곳

쪽번호 매기기
6으로 시작

ITQ Hangul

기출 · 예상 문제 15회

Hangul 2C

다면인성검사도구의 안면타당도

타당성
효율성
기여도

연도별 S/W 판매 현황(단위 : 천

구분	2015년	2016년	2017년	2018년	2019년
오피스	2,600	4,400	6,900	8,200	4,900
그래픽	500	760	800	900	7,900
전산회계	1,400	2,200	3,500	5,700	3,900
합계	4,500	7,360	11,200	14,800	

The best and most beautiful things in the world cannot be seen of even touched. They must be felt with the heart.

세상에서 가장 아름답고 소중한 것은 보이거나 만져지지 않는다. 단지 가슴으로만 느낄 수 있다.

20

수분이 항상 유지되는 자연자원의 보고
습지의 기능

습 지는 물이 흐르다 불투수성 내지는 흐름이 정체되어 오랫동안 고이는 과정을 통하여 생성된 지역으로서 생산과 소비의 균형(均衡)을 갖추고 더불어 습지의 생명체들은 완벽한 하나의 안정된 영속적인 것이나 일시적인 영수이건 담수이건 기수이건 간조 시에 6m를 넘지 않는 해역을 포함한다. 습지는 자연적인 것도 인공적인 것도 포함하며, 또한 명체에게 서식처를 제공하고 자연적인 것이나, 물이 체류하고 있거나 흐르고 있거나, 혹은 담수이건 수심이 간조 시에 6m를 넘지 않는 해역을 포함한다.

이러한 습지(濕地)는 자연현상을 정화한다. 습지는 홍수와 해안 침식 방지, 지하수 충전을 통한 지하수량 조절의 역할 중요한 환경이다. 유전인자의 완전이자 지장소이며 변화의 상실로서 인류에게 매우 환 과정에서 자연적으로 수질을 정화한다. 습지는 홍수와 해안 침식 방지, 지하수 충전을 통한 지하수량 조절의 역할을 담당하며, 다양한 종류의 동식물군이 아름답고도 특이한 심미적 경관을 만들어 낸다.

습지에 관한 람사협약
● 람사협약(Ramsar Convention) 가입 필요성

국제발효식품전시회

ABC주식회사

발효식품축제

제1회 정보기술자격(ITQ) 시험

과 목	코 드	문제유형	시험시간	수험번호	성 명
아래한글	1111	A	60분		

1. 다음의 ≪조건≫에 따라 스타일 기능을 적용하여 ≪출력형태≫와 같이 작성하시오. (50점)

≪조건≫
(1) 스타일 이름 – data
(2) 문단 모양 – 왼쪽 여백 : 15pt, 문단 아래 간격 : 10pt
(3) 글자 모양 – 글꼴 : 한글(궁서)/영문(돋움), 크기 : 10pt, 장평 : 105%, 자간 : −5%

≪출력형태≫

Open Government Data is data that is generated from information and material provided by all public sector organizations. All data owned by these organizations is shared among the public.

공공데이터는 데이터베이스 전자화된 파일 등 공공기관이 법령 등에서 정하는 목적을 위하여 생성 또는 취득하여 관리하는 전자적 방식으로 처리된 자료 또는 정보이다.

2. 다음의 ≪조건≫에 따라 ≪출력형태≫와 같이 표와 차트를 작성하시오. (100점)

≪표 조건≫
(1) 표 전체(표, 캡션) – 굴림, 10pt
(2) 정렬 – 문자 : 가운데 정렬, 숫자 : 오른쪽 정렬
(3) 셀 배경(면 색) : 노랑
(4) 한글의 계산 기능을 이용하여 빈칸에 합계를 구하고, 캡션 기능 사용할 것
(5) 선 모양은 ≪출력형태≫와 동일하게 처리할 것

≪출력형태≫

업종별 공공데이터 확보 방법(단위 : 건)

구분	제조	도/소매	기술 서비스	정보 서비스	합계
다운로드	93	39	91	184	
API 연동	68	45	94	175	
이메일 이용	17	5	16	26	
기타	5	3	6	15	

≪차트 조건≫
(1) 차트 데이터는 표 내용에서 구분별 다운로드, API 연동, 이메일 이용의 값만 이용할 것
(2) 종류 – 〈묶은 세로 막대형〉으로 작업할 것
(3) 제목 – 돋움, 진하게, 12pt, 속성 – 채우기(하양), 테두리, 그림자(대각선 오른쪽 아래)
(4) 제목 이외의 전체 글꼴 – 돋움, 보통, 10pt
(5) 축제목과 범례는 ≪출력형태≫와 동일하게 처리할 것

≪출력형태≫

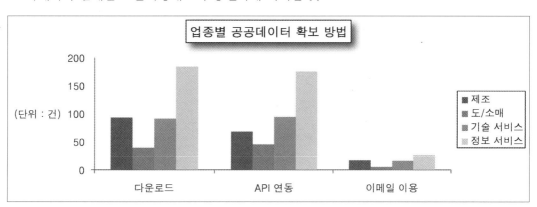

3. 다음 (1), (2)의 수식을 수식 편집기로 각각 입력하시오. (40점)

≪출력형태≫

(1) $\vec{F}=-\dfrac{4\pi^2 m}{T^2}+\dfrac{m}{T^3}$

(2) $\overline{AB}=\sqrt{(x_2-x_1)^2+(y_2-y_1)^2}$

4. 다음의 ≪조건≫에 따라 ≪출력형태≫와 같이 문서를 작성하시오. (110점)

≪조건≫ (1) 그리기 도구를 이용하여 작성을 하고, 모든 도형(글맵시, 지정된 그림 포함)을 ≪출력형태≫와 같이 작성하시오.

(2) 도형의 면 색은 지시사항이 없으면 색 없음을 제외하고 서로 다르게 임의로 지정하시오.

≪출력형태≫

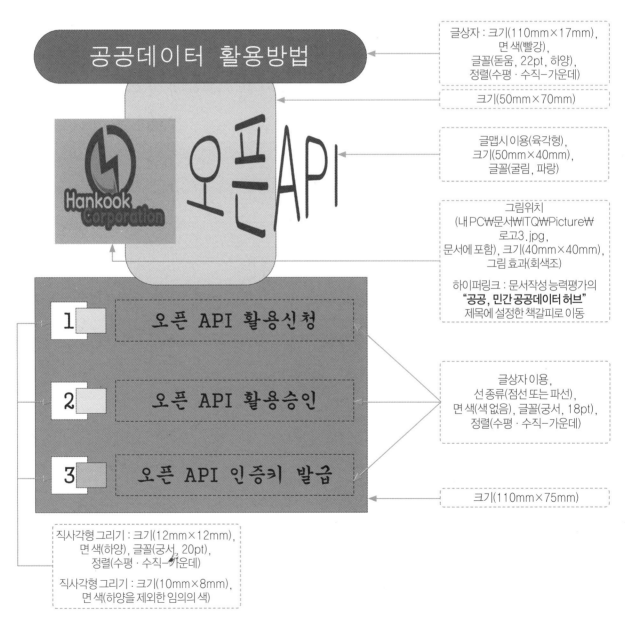

페이지 주석:

글상자 : 크기(110mm×17mm), 면 색(빨강), 글꼴(돋움, 22pt, 하양), 정렬(수평·수직-가운데)

크기(50mm×70mm)

글맵시 이용(육각형), 크기(50mm×40mm), 글꼴(굴림, 파랑)

그림위치 (내 PC₩문서₩ITQ₩Picture₩로고3.jpg, 문서에 포함), 크기(40mm×40mm), 그림 효과(회색조)

하이퍼링크 : 문서작성능력평가의 **"공공, 민간 공공데이터 허브"** 제목에 설정한 책갈피로 이동

글상자 이용, 선 종류(점선 또는 파선), 면 색(색 없음), 글꼴(궁서, 18pt), 정렬(수평·수직-가운데)

크기(110mm×75mm)

직사각형 그리기 : 크기(12mm×12mm), 면 색(하양), 글꼴(궁서, 20pt), 정렬(수평·수직-가운데)

직사각형 그리기 : 크기(10mm×8mm), 면 색(하양을 제외한 임의의 색)

공공데이터 활용방법

오픈 API 활용신청
오픈 API 활용승인
오픈 API 인증키 발급

글꼴 : 궁서, 18pt, 진하게, 가운데 정렬
책갈피 이름 : 데이터
덧말 넣기

머리말 기능
돋움, 10pt, 오른쪽 정렬 → 공공데이터

공공데이터포털
공공, 민간 공공데이터 허브

문단 첫글자 장식 기능
글꼴 : 궁서, 면색 : 노랑

그림위치(내 PC\문서\ITQ\Picture\그림4.jpg, 문서에 포함)
자르기 기능 이용, 크기(40mm×40mm), 바깥 여백 왼쪽 : 2mm

공공데이터포털은 공공기관이 생성 또는 취득하여 관리하는 공공데이터를 한 곳에서 제공하는 통합 창구이다. 포털에서는 국민이 쉽고 편리하게 공공데이터ⓖ를 이용할 수 있도록 파일데이터, 오픈 API, 시각화 등 다양한 방식으로 제공하고 있으며 누구라도 쉽고 편리한 검색을 통해 원하는 공공데이터를 빠르고 정확하게 찾을 수 있다.

각주

공공데이터포털을 통해 제공 중인 공공데이터는 별도의 신청 절차 없이 이용 가능하며, 제공되는 공공데이터의 목록은 각 공공기관의 홈페이지에서도 확인할 수 있다. 공공데이터포털에서 제공하고 있지 않은 데이터의 경우 제공신청을 통해 이용할 수 있다. 다만, 공공데이터법 제17조 상의 제외대상 정보가 포함된 경우 제공이 거부될 수 있으며, 이 경우 공공데이터 제공 분쟁 조정위원회에 조정을 신청할 수 있다. 공공데이터의 이용 허락범위에 관련하여 '이용 허락범위 제한 없음'일 경우 자유로운 이용이 가능(可能)하다. 공공기관이 보유한 공공데이터는 최근 들어 민간 공개를 통한 다양한 정보서비스 발굴 및 제공 등 국가정보화를 선진화하는 중요한 자원(資源)으로 인식되고 있으므로 품질관리를 통해 원활한 활용을 하도록 해야 한다.

♣ ## 공공데이터 활용지원센터의 업무와 조직

글꼴 : 굴림, 18pt, 하양
음영색 : 빨강

  A. 공공데이터 활용지원센터 업무

    ⓐ 제공대상 공공데이터 목록공표 지원 및 목록정보서비스

    ⓑ 공공데이터의 품질진단, 평가 및 개선의 지원

  B. 공공데이터 활용지원센터 조직

    ⓐ 공공데이터 기획팀과 개방팀

    ⓑ 공공데이터 품질팀과 데이터기반 행정팀

문단 번호 기능 사용
1수준 : 20pt, 오른쪽 정렬,
2수준 : 30pt, 오른쪽 정렬,
줄 간격 : 180%

♣ ## 공공데이터의 활용사례

글꼴 : 굴림, 18pt, 기울임, 강조점

표 전체글꼴 : 돋움, 10pt, 가운데 정렬
셀 배경(그러데이션) : 유형(가로),
시작색(하양), 끝색(노랑)

구분	사례	개발유형	제공기관
공공행정	실시간 전력 수급 현황	웹 사이트	한국수력원자력
문화관광	하이 캠프-전국 캠핑장 정보	모바일앱	한국관광공사
	전주시 문화 관광정보 서비스		전라북도 전주시
보건의료	이 병원 어디야		건강보험심사평가원
국토관리	전국 아파트 매매 실거래가 정보	웹 사이트	국토교통부

글꼴 : 굴림, 24pt, 진하게
장평 120%, 오른쪽 정렬 → ## 공공데이터포털

각주 구분선 : 5cm

ⓖ 설치 및 운영 근거 : 공공데이터의 제공 및 이용 활성화에 관한 법률 제21조

쪽 번호 매기기
4로 시작 → ④

제2회 정보기술자격(ITQ) 시험

과 목	코 드	문제유형	시험시간	수험번호	성 명
아래한글	1111	B	60분		

The Insight KPC
kpc 한국생산성본부

1. 다음의 ≪조건≫에 따라 스타일 기능을 적용하여 ≪출력형태≫와 같이 작성하시오. (50점)

≪조건≫
(1) 스타일 이름 – trade
(2) 문단 모양 – 왼쪽 여백 : 15pt, 문단 아래 간격 : 10pt
(3) 글자 모양 – 글꼴 : 한글(궁서)/영문(돋움), 크기 : 10pt, 장평 : 105%, 자간 : –5%

≪출력형태≫

Trade exists due to the specialization and division of labor, in which most people concentrate on a small aspect of production, but use that output in trades for other products and needs.

초창기의 무역은 서로의 산물을 교환하는 것에 국한되었으나, 넓은 뜻의 무역은 단순한 상품의 교환같아 보이는 무역뿐만 아니라, 기술 및 용역, 자본의 이동까지도 포함한다.

2. 다음의 ≪조건≫에 따라 ≪출력형태≫와 같이 표와 차트를 작성하시오. (100점)

≪표 조건≫
(1) 표 전체(표, 캡션) – 굴림, 10pt
(2) 정렬 – 문자 : 가운데 정렬, 숫자 : 오른쪽 정렬
(3) 셀 배경(면 색) : 노랑
(4) 한글의 계산 기능을 이용하여 빈칸에 평균(소수점 두자리)을 구하고, 캡션 기능 사용할 것
(5) 선 모양은 ≪출력형태≫와 동일하게 처리할 것

≪출력형태≫

골프용품 국가별 수입 현황(단위 : 백만 달러)

구분	2018년	2019년	2020년	2021년	평균
중국	68	80	91	118	
미국	50	67	82	96	
태국	41	47	48	43	
대만	21	23	23	27	

≪차트 조건≫
(1) 차트 데이터는 표 내용에서 연도별 중국, 미국, 태국의 값만 이용할 것
(2) 종류 – 〈묶은 세로 막대형〉으로 작업할 것
(3) 제목 – 돋움, 진하게, 12pt, 속성 – 채우기(하양), 테두리, 그림자(대각선 오른쪽 아래)
(4) 제목 이외의 전체 글꼴 – 돋움, 보통, 10pt
(5) 축제목과 범례는 ≪출력형태≫와 동일하게 처리할 것

≪출력형태≫

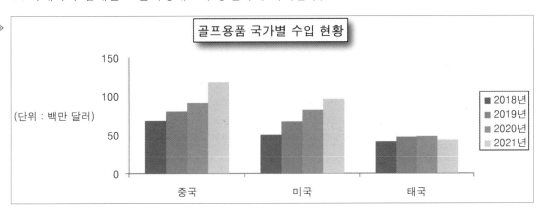

3. 다음 (1), (2)의 수식을 수식 편집기로 각각 입력하시오.   (40점)

≪출력형태≫

(1) $\dfrac{V_2}{V_1} = \dfrac{0.9 \times 10^3}{1.0 \times 10^2} = 0.8$

(2) $\sqrt{a+b+2\sqrt{ab}} = \sqrt{a} + \sqrt{b}\,(a>0,\,b>0)$

4. 다음의 ≪조건≫에 따라 ≪출력형태≫와 같이 문서를 작성하시오.   (110점)

≪조건≫   (1) 그리기 도구를 이용하여 작성하고, 모든 도형(글맵시, 지정된 그림)을 포함 ≪출력형태≫와 같이 작성하시오.

           (2) 도형의 면 색은 지시사항이 없으면 색 없음을 제외하고 서로 다르게 임의로 지정하시오.

≪출력형태≫

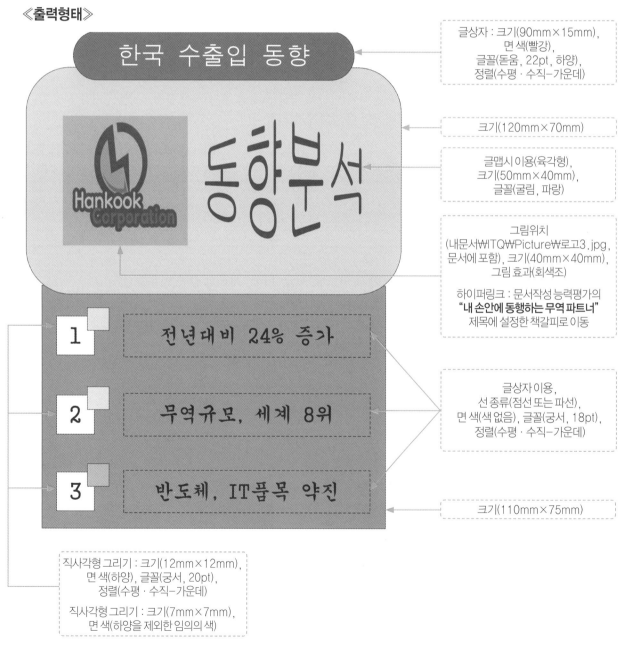

글상자 : 크기(90mm×15mm), 면 색(빨강), 글꼴(돋움, 22pt, 하양), 정렬(수평·수직-가운데)

크기(120mm×70mm)

글맵시 이용(육각형), 크기(50mm×40mm), 글꼴(굴림, 파랑)

그림위치
(내문서₩ITQ₩Picture₩로고3.jpg, 문서에 포함), 크기(40mm×40mm), 그림 효과(회색조)

하이퍼링크 : 문서작성 능력평가의 **"내 손안에 동행하는 무역 파트너"** 제목에 설정한 책갈피로 이동

글상자 이용, 선 종류(점선 또는 파선), 면 색(색 없음), 글꼴(궁서, 18pt), 정렬(수평·수직-가운데)

크기(110mm×75mm)

직사각형 그리기 : 크기(12mm×12mm), 면 색(하양), 글꼴(궁서, 20pt), 정렬(수평·수직-가운데)

직사각형 그리기 : 크기(7mm×7mm), 면 색(하양을 제외한 임의의 색)

글꼴 : 궁서, 18pt, 진하게, 가운데 정렬
책갈피 이름 : 무역통계, 덧말넣기

머리말 기능
돋움, 10pt, 오른쪽 정렬 → 무역통계 서비스

한국무역통계진흥원
내 손안에 동행하는 무역 파트너

문단 첫글자 장식 기능
글꼴 : 궁서, 면색 : 노랑

그림위치(내PCW문서WITQWPictureW그림4.jpg, 문서에 포함)
자르기 기능 이용, 크기(40mm×40mm), 바깥 여백 왼쪽 : 2mm

세 계 경제의 불확실성 증가와 글로벌화가 지속(持續)되고 있고 우리나라 경제 성장에 무역이 차지하는 비중이 절대적임을 고려할 때. 경제주체들에게 무역 통계 정보 활용의 중요성은 더욱 커져가고 있다. 2015년 공식 개원한 한국무역통계진흥원은 관세청 '무역통계 작성 및 교부업무 대행기관'으로서 대민 무역통계 보급 및 이용 활성화를 위해 다양한 정보서비스를 제공하고 있는 무역통계 전문기관이다.

한국무역통계진흥원은 이러한 세계 경제 전략과 정책의 고도화를 요구하는 무역 환경의 변화에 따른 각 무역 주체들의 요구에 부응(副應)하기 위해 설립된 무역통계 전문기관으로서 날로 다양화되고 있는 무역통계정보 수요에 더욱 적극적으로 대처하고 있다. 또한 무역통계에 대한 일반 국민들의 정보 접근성 제고와 이용 활성화를 위한 다각적인 노력을 지속적으로 하고 있으며 특히 단순한 무역통계자료 제공을 넘어서 이를 정보화, 지식화하는 서비스 고도화 노력㉠을 통해 갈수록 치열해지는 세계무역환경에서 무역통계가 국내 기업들이 세계시장을 개척하고 이를 통해 국가경제를 성장시키는 가치 있는 정보로 널리 활용될 수 있도록 하는데 그 목적을 두고 있다.

각주

♣ 설립 목적 및 주요 사업

글꼴 : 굴림, 18pt, 하양
음영색 : 빨강

① 설립 목적

(ㄱ) 무역통계(정보) 교부 서비스 제공

(ㄴ) 무역통계에 관한 연구 분석 업무 수행원

② 주요 사업

(ㄱ) 무역통계서비스 관련 전산인프라 구축 및 운영 관리

(ㄴ) 수출입통관정보 DB 운영 및 관리, 시스템 운영

문단 번호 기능 사용
1수준 : 20pt, 오른쪽 정렬,
2수준 : 30pt, 오른쪽 정렬,
줄 간격 : 180%

♣ 추진전략 및 핵심가치

글꼴 : 굴림, 18pt,
기울임, 강조점

표 전체 글꼴 : 돋움, 10pt, 가운데 정렬
셀 배경(그러데이션) : 유형(가로),
시작색(하양), 끝색(노랑)

추진전략	전문성 강화	지속가능경영 추구	비고
세부전략	전문인력 지속 육성	경영효율화 달성	국가무역통계 진흥
	새로운 IT, DT기술 접목	고객감동 윤리경영	
	정보 지식관계망 구축	사회적 책임 확대	
핵심가치	고객 만족, 그 이상의 고객 감동	정보제공, 그 이상의 가치 창출	
가치	상호신뢰, 고객 감동	전문역량, 가치혁신	

글꼴 : 굴림, 24pt, 진하게,
장평 110%, 오른쪽 정렬 → 한국무역통계진흥원

각주 구분선 : 5cm

㉠ 2016년 5월 19일 빅데이터 기반의 무역통계정보분석서비스 개시

쪽 번호 매기기
5로 시작 → ⑤

제3회 정보기술자격(ITQ) 시험

과 목	코 드	문제유형	시험시간	수험번호	성 명
아래한글	1111	C	60분		

수험자 유의사항

- 수험자는 문제지를 받는 즉시 문제지와 **수험표상의 시험과목(프로그램)이 동일한지 반드시 확인**하여야 합니다.
- 파일명은 본인의 "수험번호-성명"으로 입력하여 답안폴더(내 PC₩문서₩ITQ)에 하나의 파일로 저장해야 하며, 답안문서 파일명이 "수험번호-성명"과 일치하지 않거나, 답안파일을 전송하지 않아 미제출로 처리될 경우 실격 처리합니다 (예 : 12345678-홍길동.hwp).
- 답안 작성을 마치면 파일을 저장하고, '답안 전송' 버튼을 선택하여 감독위원 PC로 답안을 전송하십시오. 수험생 정보와 저장한 파일명이 다를 경우 전송되지 않으므로 주의하시기 바랍니다.
- 답안 작성 중에도 **주기적으로 저장하고, '답안 전송'**하여야 문제 발생을 줄일 수 있습니다. 작업한 내용을 저장하지 않고 전송할 경우 이전에 저장된 내용이 전송되오니 이점 유의하시기 바랍니다.
- 답안문서는 지정된 경로 외의 다른 보조기억장치에 저장하는 경우, 지정된 시험 시간 외에 작성된 파일을 활용할 경우, 기타 통신수단(이메일, 메신저, 네트워크 등)을 이용하여 타인에게 전달 또는 외부 반출하는 경우는 부정 처리합니다.
- 시험 중 부주의 또는 고의로 시스템을 파손한 경우는 수험자가 변상해야 하며, 〈수험자 유의사항〉에 기재된 방법대로 이행하지 않아 생기는 불이익은 수험생 당사자의 책임임을 알려 드립니다.
- 문제의 조건은 한컴오피스 2020 버전으로 설정되어 있으니 유의하시기 바랍니다.
- 시험을 완료한 수험자는 답안파일이 전송되었는지 확인한 후 감독위원의 지시에 따라 문제지를 제출하고 퇴실합니다.

답안 작성요령

온라인 답안 작성 절차

수험자 등록 ⇒ 시험 시작 ⇒ 답안파일 저장 ⇒ 답안 전송 ⇒ 시험 종료

공통 부문

- 글꼴에 대한 기본설정은 함초롬바탕, 10포인트, 검정, 줄간격 160%, 양쪽정렬로 합니다.
- 색상은 조건의 색을 적용하고 색의 구분이 안 될 경우에는 RGB 값을 적용하십시오(빨강 255, 0, 0 / 파랑 0, 0, 255 / 노랑 255, 255, 0).
- 각 문항에 주어진 ≪조건≫에 따라 작성하고 언급하지 않은 조건은 ≪출력형태≫와 같이 작성합니다.
- 용지여백은 왼쪽·오른쪽 11mm, 위쪽·아래쪽·머리말·꼬리말 10mm, 제본 0mm로 합니다.
- 그림 삽입 문제의 경우 「내 PC₩문서₩ITQ₩Picture」 폴더에서 지정된 파일을 선택하여 삽입하십시오.
- 삽입한 그림은 반드시 문서에 포함하여 저장해야 합니다(미포함 시 감점 처리).
- 각 항목은 지정된 페이지에 출력형태와 같이 정확히 작성하시기 바라며, 그렇지 않을 경우에 해당 항목은 0점 처리됩니다.
  - ※ 페이지구분 : 1 페이지 - 기능평가 I (문제번호 표시 : 1. 2.),
  - 2페이지 - 기능평가 II (문제번호 표시 : 3. 4.),
  - 3페이지 - 문서작성 능력평가

기능평가

- 문제와 ≪조건≫은 입력하지 않으며 문제번호와 답(≪출력형태≫)만 작성합니다.
- 4번 문제는 묶기를 했을 경우 0점 처리됩니다.

문서작성 능력평가

- A4 용지(210mm×297mm) 1매 크기, 세로 서식 문서로 작성합니다.
- ◯◯◯◯ 표시는 문서작성에 대한 지시사항이므로 작성하지 않습니다.

The Insight KPC
kpc 한국생산성본부

1. 다음의 ≪조건≫에 따라 스타일 기능을 적용하여 ≪출력형태≫와 같이 작성하시오. (50점)

≪조건≫ (1) 스타일 이름 – heritage
(2) 문단 모양 – 왼쪽 여백 : 15pt, 문단 아래 간격 : 10pt
(3) 글자 모양 – 글꼴 : 한글(굴림)/영문(돋움), 크기 : 10pt, 장평 : 95%, 자간 : 5%

≪출력형태≫

Korea is a powerhouse of documentary heritage, and has the world's oldest woodblock print, Mugu jeonggwang dae daranigyeong, and the first metal movable type, Jikji.

우리나라는 세계적으로 인정받는 기록유산의 강국으로 세계에서 가장 오래된 목판 인쇄물인 무구정광대다라니경과 최초의 금속활자본인 직지를 보유한 나라이다.

2. 다음의 ≪조건≫에 따라 ≪출력형태≫와 같이 표와 차트를 작성하시오. (100점)

≪표 조건≫ (1) 표 전체(표, 캡션) – 굴림, 10pt
(2) 정렬 – 문자 : 가운데 정렬, 숫자 : 오른쪽 정렬
(3) 셀 배경(면 색) : 노랑
(4) 한글의 계산 기능을 이용하여 빈칸에 평균(소수점 두자리)을 구하고, 캡션 기능 사용할 것
(5) 선 모양은 ≪출력형태≫와 동일하게 처리할 것

≪출력형태≫

조선왕조실록 유네스코 신청 현황(단위 : 책 수)

구분	세종	성종	중종	선조	평균
정족산본	154	150	102	125	
태백산본	67	47	53	116	
오대산본	0	9	50	15	
권수	163	297	105	221	

≪차트 조건≫ (1) 차트 데이터는 표 내용에서 구분별 정족산본, 태백산본, 오대산본의 값만 이용할 것
(2) 종류 – 〈묶은 세로 막대형〉으로 작업할 것
(3) 제목 – 궁서, 진하게, 12pt, 속성 – 채우기(하양), 테두리, 그림자(아래쪽)
(4) 제목 이외의 전체 글꼴 – 궁서, 보통, 10pt
(5) 축제목과 범례는 ≪출력형태≫와 동일하게 처리할 것

≪출력형태≫

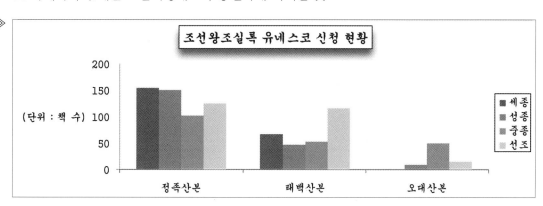

3. 다음 (1), (2)의 수식을 수식 편집기로 각각 입력하시오. (40점)

≪출력형태≫

(1) $\dfrac{F}{h_2} = t_2 k_1 \dfrac{t_1}{d} = 2 \times 10^{-7} \dfrac{t_1 t_2}{d}$

(2) $\displaystyle\int_a^b A(x-a)(x-b)dx = -\dfrac{A}{6}(b-a)^3$

4. 다음의 ≪조건≫에 따라 ≪출력형태≫와 같이 문서를 작성하시오. (110점)

≪조건≫ (1) 그리기 도구를 이용하여 작성하고, 모든 도형(글맵시, 지정된 그림)을 포함 ≪출력형태≫와 같이 작성하시오.

(2) 도형의 면 색은 지시사항이 없으면 색 없음을 제외하고 서로 다르게 임의로 지정하시오.

≪출력형태≫

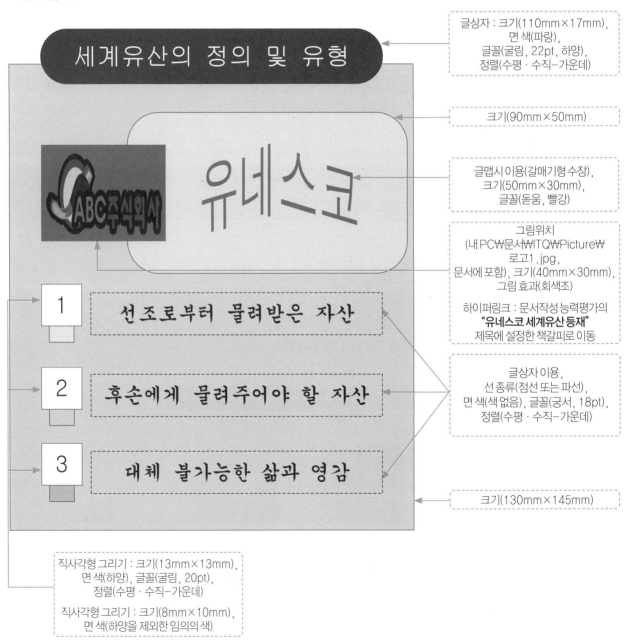

글꼴 : 궁서, 18pt, 진하게, 가운데 정렬
책갈피 이름 : 유산, 덧말넣기

머리말 기능
굴림, 10pt, 오른쪽 정렬 → 세계자연유산

문단 첫글자장식 기능
글꼴 : 돋움, 면색 : 노랑

각주

한국의 갯벌
유네스코 세계유산 등재

그림위치(내 PC₩문서₩ITQ₩Picture₩그림4.jpg, 문서에 포함)
자르기 기능 이용, 크기(35mm×40mm), 바깥 여백 왼쪽 : 2mm

제 44차 유네스코ⓐ 세계유산위원회는 한국의 갯벌을 세계유산목록에 등재(登載)할 것을 결정하였다. 한국의 갯벌은 서천 갯벌(충남 서천), 고창 갯벌(전북 고창), 신안 갯벌(전남 신안), 보성-순천 갯벌(전남 보성, 순천) 등 5개 지자체에 걸쳐 있는 4개 갯벌로 구성되어 있다. 세계유산위원회 자문기구인 국제자연보존연맹은 애초 한국의 갯벌에 대해 유산구역 등이 충분하지 않다는 이유로 반려를 권고하였으나, 세계유산센터 및 세계유산위원국을 대상으로 적극적인 외교교섭 활동을 전개한 결과, 등재가 성공리에 이루어졌다. 당시 실시된 등재 논의에서 세계유산위원국인 키르기스스탄이 제안한 등재 수정안에 대해 총 21개 위원국 중 13개국이 공동서명하고, 17개국이 지지 발언하여 의견일치로 등재 결정되었다.

이번 한국(韓國) 갯벌의 세계유산 등재는 현재 우리나라가 옵서버인 점, 온라인 회의로 현장 교섭이 불가한 점 등 여러 제약 조건 속에서도 외교부와 문화재청 등 관계부처 간 전략적으로 긴밀히 협업하여 일구어낸 성과로 평가된다. 특히 외교부는 문화재청, 관련 지자체, 전문가들과 등재 추진 전략을 협의하고, 주 유네스코 대표부를 중심으로 21개 위원국 주재 공관들의 전방위 지지 교섭을 총괄하면서 성공적인 등재에 이바지하였다.

♣ **등재 기준 부합성의 지형지질 특징**

글꼴 : 돋움, 18pt, 하양
음영색 : 빨강

　가. 두꺼운 펄 갯벌 퇴적층
　　㉮ 육성 기원 퇴적물의 지속적이고 안정적인 공급
　　㉯ 암석 섬에 의한 보호와 수직부가 퇴적으로 25m 이상 형성
　나. 지질 다양성과 계절변화
　　㉮ 집중 강우와 강한 계절풍으로 외부 침식, 내부 퇴적
　　㉯ 모래갯벌, 혼합갯벌, 암반, 사구, 특이 퇴적 등

문단 번호 기능 사용
1수준 : 20pt, 오른쪽 정렬,
2수준 : 30pt, 오른쪽 정렬,
줄 간격 : 180%

표 전체글꼴 : 굴림, 10pt, 가운데 정렬
셀 배경(그러데이션) : 유형(가운데에서),
시작색(하양), 끝색(노랑)

♣ *한국 갯벌의 특징*

글꼴 : 돋움, 18pt, 기울임, 강조점

구분	지역별 특징	유형	비고
서천 갯벌	펄, 모래, 혼합갯벌, 사구	하구형	사취 발달
고창 갯벌	뚜렷한 계절변화로 인한 특이 쉬니어 형성	개방형	점토, 진흙
신안 갯벌	해빈 사구, 사취 등 모래 자갈 선형체	다도해형	40m 퇴적층
보성, 순천 갯벌	펄 갯벌 및 넓은 염습지 보유	반폐쇄형	염분 변화

쉬니어 : 모래 크기의 입자들로 구성되며 점토나 진흙 위에 형성된 해빈 언덕

글꼴 : 궁서, 24pt, 진하게,
장평105%, 오른쪽 정렬

세계유산위원회

각주 구분선 : 5cm

ⓐ 교육, 과학, 문화를 통하여 국가 간의 협력을 촉진하기 위한 역할을 하는 국제연합기구

쪽번호 매기기
7로 시작 → ⑦

제4회 정보기술자격(ITQ) 시험

과 목	코 드	문제유형	시험시간	수험번호	성 명
아래한글	1111	A	60분		

1. 다음의 ≪조건≫에 따라 스타일 기능을 적용하여 ≪출력형태≫와 같이 작성하시오. (50점)

   ≪조건≫　　(1) 스타일 이름 – trade

   　　　　　(2) 문단 모양 – 왼쪽 여백 : 15pt, 문단 아래 간격 : 10pt

   　　　　　(3) 글자 모양 – 글꼴 : 한글(굴림)/영문(돋움), 크기 : 10pt, 장평 : 95%, 자간 : 5%

   ≪출력형태≫

   The WFTO is the global community of social enterprises that fully practice Fair Trade. Spread across 76 countries, all members exist to serve marginalised communities.

   공정무역은 대화와 투명성, 생산자와 소비자의 상호존중에 기반하여 개발도상국 생산자와 노동자를 보호하며 공정한 가격을 지불받도록 하는 사회 운동이다.

2. 다음의 ≪조건≫에 따라 ≪출력형태≫와 같이 표와 차트를 작성하시오. (100점)

   ≪표 조건≫　(1) 표 전체(표, 캡션) – 굴림, 10pt

   　　　　　(2) 정렬 – 문자 : 가운데 정렬, 숫자 : 오른쪽 정렬

   　　　　　(3) 셀 배경(면 색) : 노랑

   　　　　　(4) 한글의 계산 기능을 이용하여 빈칸에 평균(소수점 두자리)을 구하고, 캡션 기능 사용할 것

   　　　　　(5) 선 모양은 ≪출력형태≫와 같이 동일하게 처리할 것

   ≪출력형태≫　　　　　　　　　　　　　아름다운 가게 정기수익 수도권 나눔 현황(단위 : 십만 원)

구분	교육지원비	의료비	주거개선비	학비	평균
남양주	74	89	23	40	
부천	103	143	132	25	
성남	234	150	115	36	
하남	68	65	25	41	

   ≪차트 조건≫ (1) 차트 데이터는 표 내용에서 구분별 남양주, 부천, 성남의 값만 이용할 것

   　　　　　(2) 종류 – 〈묶은 세로 막대형〉으로 작업할 것

   　　　　　(3) 제목 – 궁서, 진하게, 12pt, 속성 – 채우기(하양), 테두리, 그림자(아래쪽)

   　　　　　(4) 제목 이외의 전체 글꼴 – 궁서, 보통, 10pt

   　　　　　(5) 축제목과 범례는 ≪출력형태≫와 같이 동일하게 처리할 것

   ≪출력형태≫

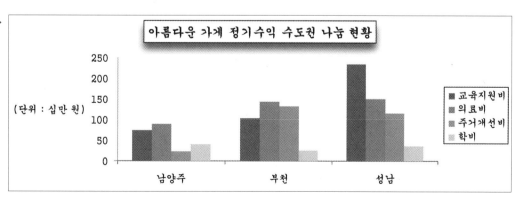

3. 다음 (1), (2)의 수식을 수식 편집기로 각각 입력하시오. (40점)

≪출력형태≫

(1) $\dfrac{k_x}{2h} \times (-2mk_x) = -\dfrac{m}{}$

(2) $\displaystyle\int_a^b xf(x)dx = \dfrac{1}{b-a}\int_a^b xdx = \dfrac{a+b}{2}$

4. 다음의 ≪조건≫에 따라 ≪출력형태≫와 같이 문서를 작성하시오. (110점)

≪조건≫　(1) 그리기 도구를 이용하여 작성하고, 모든 도형(글맵시, 지정된 그림)을 포함 ≪출력형태≫와 같이 작성하시오.

　　　　(2) 도형의 면 색은 지시사항이 없으면 색 없음을 제외하고 서로 다르게 임의로 지정하시오.

≪출력형태≫

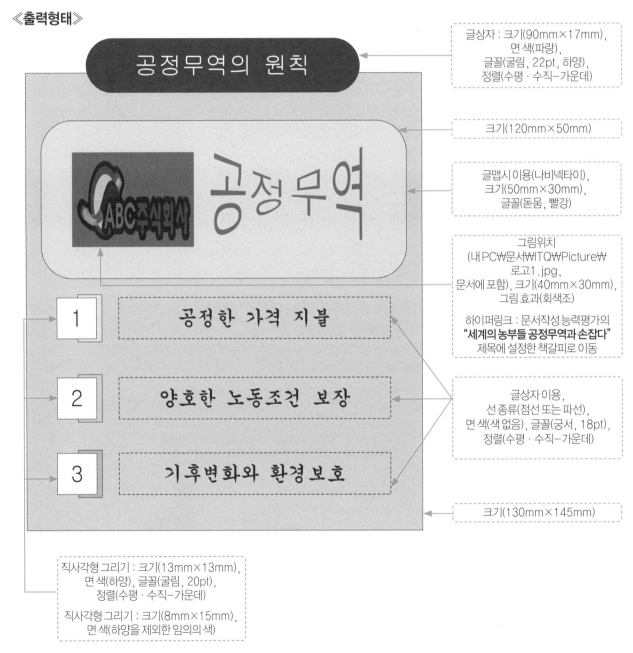

글상자 : 크기(90mm×17mm),
　면 색(파랑),
　글꼴(굴림, 22pt, 하양),
　정렬(수평 · 수직-가운데)

크기(120mm×50mm)

글맵시 이용(나비넥타이),
크기(50mm×30mm),
글꼴(돋움, 빨강)

그림위치
(내 PC₩문서₩ITQ₩Picture₩
로고1.jpg,
문서에 포함), 크기(40mm×30mm),
그림 효과(회색조)

하이퍼링크 : 문서작성능력평가의
"세계의 농부들 공정무역과 손잡다"
제목에 설정한 책갈피로 이동

글상자 이용,
선종류(점선 또는 파선),
면 색(색 없음), 글꼴(궁서, 18pt),
정렬(수평 · 수직-가운데)

크기(130mm×145mm)

직사각형 그리기 : 크기(13mm×13mm),
면 색(하양), 글꼴(굴림, 20pt),
정렬(수평 · 수직-가운데)

직사각형 그리기 : 크기(8mm×15mm),
면 색(하양을 제외한 임의의 색)

글꼴 : 궁서, 18pt, 진하게, 가운데 정렬
책갈피이름 : 공정무역, 덧말넣기

머리말 기능
굴림, 10pt, 오른쪽 정렬 → 아름다운 가게

불평등 해소
세계의 농부들 공정무역과 손잡다

문단 첫글자 장식 기능
글꼴 : 돋움, 면색 : 노랑

그림위치(내 PC₩문서₩ITQ₩Picture₩그림4.jpg, 문서에 포함)
자르기 기능 이용, 크기(35mm×40mm), 바깥 여백 왼쪽 : 2mm

매 년 5월 둘째 주 토요일은 공정무역을 널리 알리기 위해 전 세계적으로 동시에 진행되는 공정무역 캠페인의 날로 세계의 생산품들이 모두 공정한 대가를 받고 판매되기를 기원하는 날이다. 공정무역은 경제발전의 혜택(惠澤)으로부터 소외된 저개발국가⊙에서 생산자와 노동자들에게 더 나은 거래 조건을 제공하고 그들의 권리를 보호함으로써 지속 가능한 발전에 이바지한다. 공정무역은 대화와 투명성, 존중에 기초하여 국제 무역에서 더욱 공평하고 정의로운 관계를 추구하는 거래 기반의 동반자 관계이다. 또한 공정무역은 가격을 고정하기보다는 최저 가격을 두어서 시장가격이 이 수준 이하로 떨어질 때도 농민들이 지속 가능한 생산을 위한 비용을 지불받을 수 있도록 보장해준다.

각주

　유럽과 북미의 경우 1950년대에 공정무역 운동을 시작하였으며 우리나라는 '아름다운 가게'가 2003년에 아시아의 수공예품을 수입(輸入)하여 판매하기 시작하고 2006년에 네팔의 커피를 수입, 판매하며 공정무역 커피 브랜드 '히말라야의 선물'을 런칭하였다. 아름다운 가게뿐 아니라 2008년부터 공정무역단체들을 중심으로 세계 공정무역의 날 한국 페스티벌을 개최하고 있다.

♠ **공정무역 키워드**

글꼴 : 돋움, 18pt, 하양
음영색 : 빨강

　i. 공정한 가격
　　a. 생산비용, 생활비용 등 공정무역 기준을 충족시키는 비용 포함
　　b. 최종 가격은 시장가격과 공정가격 중에 높은 쪽으로 결정
　ii. 공정한 임금
　　a. 노동자가 자유롭게 협상에 참여하여 상호 합의하여 결정
　　b. 공정한 임금을 위한 지역 생활 임금 고려

문단 번호 기능 사용
1수준 : 20pt, 오른쪽 정렬,
2수준 : 30pt, 오른쪽 정렬,
줄 간격 : 180%

♠ *공정무역 다큐멘터리 영상 자료*

글꼴 : 돋움, 18pt,
기울임, 강조점

표 전체 글꼴 : 돋움, 10pt, 가운데 정렬
셀 배경(그러데이션) : 유형(가운데에서),
시작색(하양), 끝색(노랑)

국가	작품명	제작 단체	연도
일본	패션이 빈곤을 구한다	동경TV	2004년
	아이에게 공정무역을 알리다	NHK	2004년
	종이의 천으로 희망을 허락한다	네팔리 바자로	2006년
한국	웃는 얼굴로 거래하다	울림기획	2006년
	이영돈 PD의 소비자 고발 37회	KBS	2008년

글꼴 : 궁서, 24pt, 진하게,
장평 105%, 오른쪽 정렬 → **한국공정무역협의회**

각주 구분선 : 5cm

⊙ 산업 발달이 거의 이루어지지 않은, 농업과 같은 1차 산업이 주요 산업인 국가

쪽 번호 매기기
7로 시작 → G

제5회 정보기술자격(ITQ) 시험

과 목	코 드	문제유형	시험시간	수험번호	성 명
아래한글	1111	B	60분		

1. 다음의 ≪조건≫에 따라 스타일 기능을 적용하여 ≪출력형태≫와 같이 작성하시오.　　　(50점)

　　≪조건≫　　(1) 스타일 이름 – dental
　　　　　　　(2) 문단 모양 – 왼쪽 여백 : 15pt, 문단 아래 간격 : 10pt
　　　　　　　(3) 글자 모양 – 글꼴 : 한글(돋움)/영문(궁서), 크기 : 10pt, 장평 : 95%, 자간 : –5%

≪출력형태≫

The purpose of this study is to explore the socio-cultural function of dental system and suggest the improvement of limitations of the current system format.

네트워크 치과란 명칭과 브랜드를 공유하는 치과로서 브랜드를 통한 광고 효과와 체계적인 경영 시스템을 통한 비용 절감으로 기존 치과와 비교하여 강점을 지닌다.

2. 다음의 ≪조건≫에 따라 ≪출력형태≫와 같이 표와 차트를 작성하시오.　　　(100점)

　　≪표 조건≫　(1) 표 전체(표, 캡션) – 굴림, 10pt
　　　　　　　(2) 정렬 – 문자 : 가운데 정렬, 숫자 : 오른쪽 정렬
　　　　　　　(3) 셀 배경(면 색) : 노랑
　　　　　　　(4) 한글의 계산 기능을 이용하여 빈칸에 합계를 구하고, 캡션 기능 사용할 것
　　　　　　　(5) 선 모양은 ≪출력형태≫와 동일하게 처리할 것

≪출력형태≫

보건소 구강사업 지난 실적 현황(단위 : 천 건)

구분	2013년	2015년	2017년	2019년	합계
구강 보건교육	58	81	72	84	
스케일링	7	4	5	5	
불소 도포	41	37	29	34	
불소양치 사업	66	86	186	129	

　　≪차트 조건≫(1) 차트 데이터는 표 내용에서 연도별 보건교육, 스케일링, 불소 도포의 값만 이용할 것
　　　　　　　(2) 종류 – 〈묶은 세로 막대형〉으로 작업할 것
　　　　　　　(3) 제목 – 돋움, 진하게, 12pt, 속성 – 채우기(하양), 테두리, 그림자(대각선 오른쪽 아래)
　　　　　　　(4) 제목 이외의 전체 글꼴 – 돋움, 보통, 10pt
　　　　　　　(5) 축제목과 범례는 ≪출력형태≫와 동일하게 처리할 것

≪출력형태≫

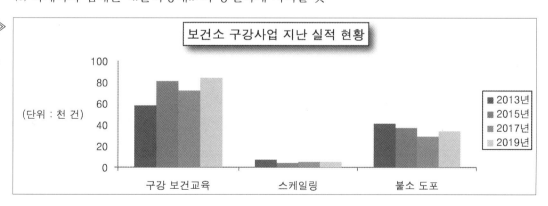

3. 다음 (1), (2)의 수식을 수식 편집기로 각각 입력하시오. (40점)

≪**출력형태**≫

(1) $H_n = \dfrac{a(r^n - 1)}{r - 1} = \dfrac{a(1 + r^n)}{1 - r}(r \neq 1)$ (2) $L = \dfrac{m + M}{m} V = \dfrac{m + M}{m} \sqrt{2gh}$

4. 다음의 ≪조건≫에 따라 ≪출력형태≫와 같이 문서를 작성하시오. (110점)

≪**조건**≫ (1) 그리기 도구를 이용하여 작성하고, 모든 도형(글맵시, 지정된 그림)을 포함 ≪출력형태≫와 같이 작성하시오.

(2) 도형의 면 색은 지시사항이 없으면 색 없음을 제외하고 서로 다르게 임의로 지정하시오.

≪**출력형태**≫

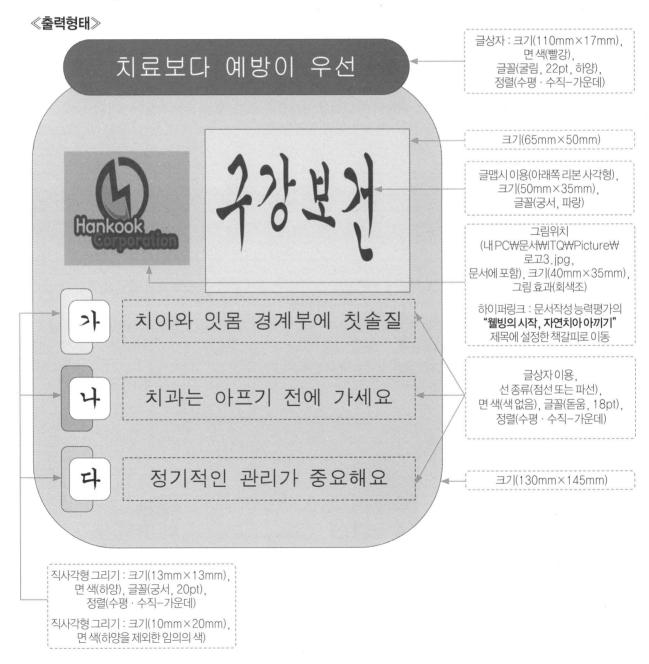

글상자 : 크기(110mm×17mm), 면 색(빨강), 글꼴(굴림, 22pt, 하양), 정렬(수평·수직-가운데)

크기(65mm×50mm)

글맵시 이용(아래쪽 리본 사각형), 크기(50mm×35mm), 글꼴(궁서, 파랑)

그림위치 (내 PC₩문서₩ITQ₩Picture₩ 로고3.jpg, 문서에 포함), 크기(40mm×35mm), 그림 효과(회색조)

하이퍼링크 : 문서작성능력평가의 "**웰빙의 시작, 자연치아 아끼기**" 제목에 설정한 책갈피로 이동

글상자 이용, 선 종류(점선 또는 파선), 면 색(색 없음), 글꼴(돋움, 18pt), 정렬(수평·수직-가운데)

크기(130mm×145mm)

직사각형 그리기 : 크기(13mm×13mm), 면 색(하양), 글꼴(궁서, 20pt), 정렬(수평·수직-가운데)

직사각형 그리기 : 크기(10mm×20mm), 면 색(하양을 제외한 임의의 색)

글꼴 : 돋움, 18pt, 진하게, 가운데 정렬
책갈피 이름 : 치아, 덧말 넣기

머리말 기능
궁서, 10pt, 오른쪽 정렬 → 국민의 구강건강

치아의 날
웰빙의 시작, 자연치아 아끼기

문단 첫글자장식 기능
글꼴 : 굴림, 면색 : 노랑

그림위치(내 PC\문서\ITQ\Picture\그림5.jpg, 문서에 포함)
자르기 기능 이용, 크기(35mm×40mm), 바깥 여백 왼쪽 : 2mm

세 살 버릇 여든까지 간다고 하는 속담은 어린이들의 나쁜 습관①을 교정하려 할 때 자주 언급된다. 어린이의 구강 습관은 오랫동안 치과 의사, 소아청소년과 의사, 심리학자, 많은 부모님의 관심거리가 되어왔다. 좋지 않은 습관이 장기간 지속되면 치아의 위치와 교합이 비정상적으로 될 수 있다. 어린이에게 해로운 습관을 일으키는 원인으로는 변형된 골 성장, 치아(齒牙)의 위치 부정, 잘못된 호흡 습관 등이 있다.

각주

치아 관리는 젖니 때부터 해야 한다. 세 살 이하의 아이는 스스로 칫솔질을 할 수 없으므로 자신이 스스로 칫솔질을 할 수 있을 때까지 부모가 이를 닦아준다. 특히 어린이의 올바른 구강 건강관리를 위해서는 아이에게 이를 닦는 습관(習慣)을 지니게 하는 것이 가장 중요하다. 따라서 부모님들이 아이들에게 관심을 가지고 모범을 보여 주어야 한다. 우리나라 치과 진료의 지식과 기술 수준은 세계적 수준이나 실제로 국민 구강건강 수준은 보건복지부의 발표에 따르면 아직도 후진국 수준이다. 이는 실제로 우리나라의 대다수 치과 진료 과정에서 예방 진료를 무시한 채 치료와 재활만을 주력했기 때문이라고 생각되기에 정기적으로 치과에 내원하여 검사를 받고 필요한 예방치료를 받는 것이 중요하다.

♥ 어린이의 올바른 구강 건강관리

글꼴 : 궁서, 18pt, 하양
음영색 : 파랑

   A. 어린이를 위한 맞춤 칫솔질
     ⓐ 칫솔을 치아의 옆면에 대고 수평으로 좌우를 문지른다.
     ⓑ 씹는 면과 안쪽 면도 닦고 끝으로 혀도 닦아야 한다.
   B. 치아가 건강해지는 식습관
     ⓐ 만 1세가 되면 모유나 우유병 사용은 자제한다.
     ⓑ 앞니가 나면 빠는 근육이 아닌, 씹는 근육을 사용하게 한다.

문단 번호 기능 사용
1수준 : 20pt, 오른쪽 정렬,
2수준 : 30pt, 오른쪽 정렬,
줄 간격 : 180%

♥ 치아 구강보건 4가지 방법

글꼴 : 궁서, 18pt,
밑줄, 강조점

표 전체글꼴 : 돋움, 10pt, 가운데 정렬
셀 배경(그러데이션) : 유형(세로),
시작색(하양), 끝색(노랑)

구분	충치 원인균 제거	치아를 강하게	충치 원인균 활동 제거	정기적 치과 검진
대처 방법	칫솔질은 충치를 예방	식후 설탕 섭취 금지	치아 홈 메우기	6개월 간격으로 치과 방문
	식후 양치는 필수	불소치약 사용		
	치실, 치간 칫솔 사용	3개월간 불소 겔 바르기	채소나 과일 먹기	조기 발견, 조기 치료
	치아랑 잇몸 경계 닦기	수돗물 불소는 안전		

글꼴 : 굴림, 24pt, 진하게,
장평 105%, 오른쪽 정렬 → 대한예방치과학회

각주 구분선 : 5cm

① 어떤 행위를 오랫동안 되풀이하는 과정에서 저절로 익혀진 행동 방식

쪽 번호 매기기
5로 시작 → E

제6회 정보기술자격(ITQ) 시험

과 목	코 드	문제유형	시험시간	수험번호	성 명
아래한글	1111	C	60분		

수험자 유의사항

- 수험자는 문제지를 받는 즉시 문제지와 **수험표상의 시험과목(프로그램)이 동일한지 반드시 확인**하여야 합니다.
- 파일명은 본인의 "수험번호–성명"으로 입력하여 답안폴더(내 PC₩문서₩ITQ)에 하나의 파일로 저장해야 하며, 답안문서 파일명이 "수험번호–성명"과 일치하지 않거나, 답안파일을 전송하지 않아 미제출로 처리될 경우 실격 처리합니다 (예 : 12345678–홍길동.hwp).
- 답안 작성을 마치면 파일을 저장하고, '답안 전송' 버튼을 선택하여 감독위원 PC로 답안을 전송하십시오. 수험생 정보와 저장한 파일명이 다를 경우 전송되지 않으므로 주의하시기 바랍니다.
- 답안 작성 중에도 **주기적으로 저장하고, '답안 전송'**하여야 문제 발생을 줄일 수 있습니다. 작업한 내용을 저장하지 않고 전송할 경우 이전에 저장된 내용이 전송되오니 이점 유의하시기 바랍니다.
- 답안문서는 지정된 경로 외의 다른 보조기억장치에 저장하는 경우, 지정된 시험 시간 외에 작성된 파일을 활용할 경우, 기타 통신수단(이메일, 메신저, 네트워크 등)을 이용하여 타인에게 전달 또는 외부 반출하는 경우는 부정 처리합니다.
- 시험 중 부주의 또는 고의로 시스템을 파손한 경우는 수험자가 변상해야 하며, 〈수험자 유의사항〉에 기재된 방법대로 이행하지 않아 생기는 불이익은 수험생 당사자의 책임임을 알려 드립니다.
- 문제의 조건은 한컴오피스 2020 버전으로 설정되어 있으니 유의하시기 바랍니다.
- 시험을 완료한 수험자는 답안파일이 전송되었는지 확인한 후 감독위원의 지시에 따라 문제지를 제출하고 퇴실합니다.

답안 작성요령

온라인 답안 작성 절차
수험자 등록 ⇒ 시험 시작 ⇒ 답안파일 저장 ⇒ 답안 전송 ⇒ 시험 종료

공통 부문
- 글꼴에 대한 기본설정은 함초롬바탕, 10포인트, 검정, 줄간격 160%, 양쪽정렬로 합니다.
- 색상은 조건의 색을 적용하고 색의 구분이 안 될 경우에는 RGB 값을 적용하십시오(빨강 255, 0, 0 / 파랑 0, 0, 255 / 노랑 255, 255, 0).
- 각 문항에 주어진 ≪조건≫에 따라 작성하고 언급하지 않은 조건은 ≪출력형태≫와 같이 작성합니다.
- 용지여백은 왼쪽 · 오른쪽 11mm, 위쪽 · 아래쪽 · 머리말 · 꼬리말 10mm, 제본 0mm로 합니다.
- 그림 삽입 문제의 경우 「내 PC₩문서₩ITQ₩Picture」 폴더에서 지정된 파일을 선택하여 삽입하십시오.
- 삽입한 그림은 반드시 문서에 포함하여 저장해야 합니다(미포함 시 감점 처리).
- 각 항목은 지정된 페이지에 출력형태와 같이 정확히 작성하시기 바라며, 그렇지 않을 경우에 해당 항목은 0점 처리됩니다.
  - ※ 페이지구분 : 1 페이지 – 기능평가 I (문제번호 표시 : 1. 2.),
  - 2페이지 – 기능평가 II (문제번호 표시 : 3. 4.),
  - 3페이지 – 문서작성 능력평가

기능평가
- 문제와 ≪조건≫은 입력하지 않으며 문제번호와 답(≪출력형태≫)만 작성합니다.
- 4번 문제는 묶기를 했을 경우 0점 처리됩니다.

문서작성 능력평가
- A4 용지(210mm×297mm) 1매 크기, 세로 서식 문서로 작성합니다.
- ◯◯◯표시는 문서작성에 대한 지시사항이므로 작성하지 않습니다.

The Insight KPC
kpc 한국생산성본부

1. 다음의 ≪조건≫에 따라 스타일 기능을 적용하여 ≪출력형태≫와 같이 작성하시오. (50점)

≪조건≫
(1) 스타일 이름 – exhibition
(2) 문단 모양 – 왼쪽 여백 : 15pt, 문단 아래 간격 : 10pt
(3) 글자 모양 – 글꼴 : 한글(돋움)/영문(궁서), 크기 : 10pt, 장평 : 95%, 자간 : −5%

≪출력형태≫

As the only Korean photovoltaic exhibition representing Asia, the EXPO Solar 2022/PV Korea is to be held in KINTEX from June 29(Wed) to July 1(Fri), 2022.

아시아를 대표하는 대한민국 유일의 태양광 전문 전시회인 2022 세계 태양에너지 엑스포가 2022년 6월 29일부터 7월 1일까지 3일간의 일정으로 킨텍스에서 개최된다.

2. 다음의 ≪조건≫에 따라 ≪출력형태≫와 같이 표와 차트를 작성하시오. (100점)

≪표 조건≫
(1) 표 전체(표, 캡션) – 굴림, 10pt
(2) 정렬 – 문자 : 가운데 정렬, 숫자 : 오른쪽 정렬
(3) 셀 배경(면 색) : 노랑
(4) 한글의 계산 기능을 이용하여 빈칸에 평균(소수점 두 자리)을 구하고, 캡션 기능 사용할 것
(5) 선 모양은 ≪출력형태≫와 같이 동일하게 처리할 것

≪출력형태≫

직종별 참관객 현황(단위 : 백 명)

직종	1일차	2일차	3일차	4일차	합계
마케팅	14	15	16	17	
엔지니어링 관리	13	14	15	16	
연구 및 개발	9	10	12	13	
구매 관리	8	9	10	12	

≪차트 조건≫
(1) 차트 데이터는 표 내용에서 일차별 마케팅, 엔지니어링 관리, 연구 및 개발의 값만 이용할 것
(2) 종류 – 〈묶은 세로 막대형〉으로 작업할 것
(3) 제목 – 돋움, 진하게, 12pt, 속성 – 채우기(하양), 테두리, 그림자(대각선 오른쪽 아래)
(4) 제목 이외의 전체 글꼴 – 돋움, 보통, 10pt
(5) 축제목과 범례는 ≪출력형태≫와 같이 동일하게 처리할 것

≪출력형태≫

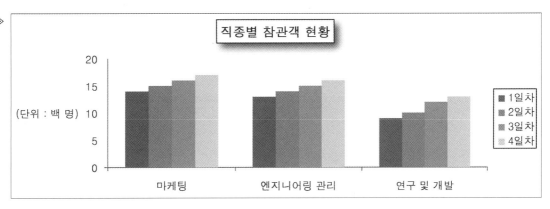

3. 다음 (1), (2)의 수식을 수식 편집기로 각각 입력하시오. (40점)

≪출력형태≫

(1) $$f = \sqrt{\frac{2 \times 1.6 \times 10^{-7}}{9.1 \times 10^{-3}}} = 5.9 \times 10^5$$

(2) $$\lambda = \frac{h}{mh} = \frac{h}{\sqrt{2meV}}$$

4. 다음의 ≪조건≫에 따라 ≪출력형태≫와 같이 문서를 작성하시오. (110점)

≪조건≫　(1) 그리기 도구를 이용하여 작성하고, 모든 도형(글맵시, 지정된 그림)을 포함 ≪출력형태≫와 같이 작성하시오.

　　　　　(2) 도형의 면 색은 지시사항이 없으면 색 없음을 제외하고 서로 다르게 임의로 지정하시오.

≪출력형태≫

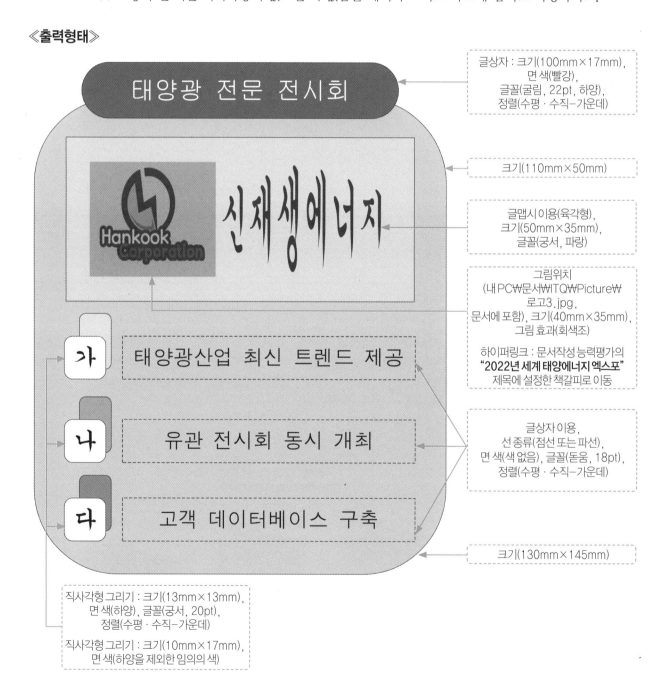

글꼴 : 돋움, 18pt, 진하게, 가운데 정렬
책갈피 이름 : 태양광, 덧말 넣기

머리말 기능
궁서, 10pt, 오른쪽 정렬　　→ 태양광 전문 전시회

친환경 에너지
2022 세계 태양에너지 엑스포

문단 첫글자 장식 기능
글꼴 : 굴림, 면색 : 노랑

그림위치(내 PC₩문서₩ITQ₩Picture₩그림4.jpg, 문서에 포함)
자르기 기능 이용, 크기(40mm×35mm), 바깥 여백 왼쪽 : 2mm

신 기후체제 출범과 함께 온실가스감축, 기후변화 적응 기술이 그 핵심으로 떠오르면서 우리나라에서는 친환경에너지 비중 확대를 위해 태양광, 풍력 등의 신재생에너지 보급 확대를 위한 계획을 수립하여 추진(推進) 중이다. 아시아는 최근 중국과 일본을 비롯해 동남아시아의 태양광 발전 산업 지원을 위한 FIT 및 RPSⒶ 정책 강화로 세계의 관심이 집중되고 있다. 아시아 태양광 산업의 허브이자 아시아 태양광 시장진출의 게이트웨이로 충실한 역할을 수행해 온 세계 태양에너지 엑스포는 글로벌 추세의 변화와 국내 태양광 시장 확대에 맞춰 공급자와 사용자가 소통할 수 있는 장이 되고 있다.

각주

태양광 산업의 발전과 온실가스 감축을 위한 솔루션을 제시하는 세계 태양에너지 엑스포는 전 세계 국제전시회 인증기관인 국제전시연합회와 산업통상자원부의 우수 전시회 국제 인증 획득(獲得)으로 해외 출품기업체와 해외 바이어 참관객 수에서 국제 전시회로서의 자격과 요건을 확보해가고 있다. 올해로 13회째 열리는 2022 세계 태양에너지 엑스포에서는 출품기업과 참관객에게 태양광 관련 최신 기술 정보와 시공 및 설계 관련 다양한 기술 노하우를 무료로 전수할 수 있는 국제 PV 월드 포럼이 동시에 개최된다.

※ 2022 세계 태양에너지 엑스포 개요

글꼴 : 궁서, 18pt, 하양
음영색 : 파랑

　1) 일시 및 장소

　　가) 일시 : 2022년 6월 29일(수) ~ 7월 1일(금) 10:00 ~ 17:00

　　나) 장소 : 킨텍스 제1전시장

　2) 주관 및 후원

　　가) 주관 : 녹색에너지연구원, 한국태양에너지학회 등

　　나) 후원 : 한국에너지기술평가원, 한국신재생에너지협회 등

문단 번호 기능 사용
1수준 : 20pt, 오른쪽 정렬,
2수준 : 30pt, 오른쪽 정렬,
줄간격 : 180%

※ 전시장 구성 및 동시 개최 행사

글꼴 : 궁서, 18pt, 밑줄, 강조점

표 전체글꼴 : 돋움, 10pt, 가운데 정렬
셀배경(그러데이션) : 유형(세로),
시작색(하양), 끝색(노랑)

	전시장 구성	동시 개최 행사	전시 품목
상담관	해외 바이어 수출 및 구매	2022 국제 PV 월드 포럼	태양광 셀과 모듈, 소재 및 부품
	태양광 사업 금융지원	태양광 시장 동향 및 수출 전략 세미나	
홍보관	지자체 태양광 기업	태양광 산업 지원 정책 및 발전 사업 설명회	전력 및 발전설비
	솔라 리빙관, 에너지 저장 시스템	해외 바이어 초청 수출 및 구매 상담회	

글꼴 : 굴림, 24pt, 진하게
장평 105%, 오른쪽 정렬　→ ## 엑스포솔라전시사무국

각주 구분선 : 5cm

Ⓐ 대규모 발전 사업자에게 신재생에너지를 이용한 발전을 의무화한 제도

쪽 번호 매기기
5로 시작　→ ⑤

제7회 정보기술자격(ITQ) 시험

과 목	코 드	문제유형	시험시간	수험번호	성 명
아래한글	1111	A	60분		

수험자 유의사항

- 수험자는 문제지를 받는 즉시 문제지와 **수험표상의 시험과목(프로그램)이 동일한지 반드시 확인**하여야 합니다.

- 파일명은 본인의 "수험번호–성명"으로 입력하여 답안폴더(내 PC\문서\ITQ)에 하나의 파일로 저장해야 하며, 답안문서 파일명이 "수험번호–성명"과 일치하지 않거나, 답안파일을 전송하지 않아 미제출로 처리될 경우 실격 처리합니다 (예 : 12345678–홍길동.hwp).

- 답안 작성을 마치면 파일을 저장하고, '답안 전송' 버튼을 선택하여 감독위원 PC로 답안을 전송하십시오. 수험생 정보와 저장한 파일명이 다를 경우 전송되지 않으므로 주의하시기 바랍니다.

- 답안 작성 중에도 **주기적으로 저장하고, '답안 전송'**하여야 문제 발생을 줄일 수 있습니다. 작업한 내용을 저장하지 않고 전송할 경우 이전에 저장된 내용이 전송되오니 이점 유의하시기 바랍니다.

- 답안문서는 지정된 경로 외의 다른 보조기억장치에 저장하는 경우, 지정된 시험 시간 외에 작성된 파일을 활용할 경우, 기타 통신수단(이메일, 메신저, 네트워크 등)을 이용하여 타인에게 전달 또는 외부 반출하는 경우는 부정 처리합니다.

- 시험 중 부주의 또는 고의로 시스템을 파손한 경우는 수험자가 변상해야 하며, 〈수험자 유의사항〉에 기재된 방법대로 이행하지 않아 생기는 불이익은 수험생 당사자의 책임임을 알려 드립니다.

- 문제의 조건은 한컴오피스 2020 버전으로 설정되어 있으니 유의하시기 바랍니다.

- 시험을 완료한 수험자는 답안파일이 전송되었는지 확인한 후 감독위원의 지시에 따라 문제지를 제출하고 퇴실합니다.

답안 작성요령

온라인 답안 작성 절차

수험자 등록 ⇒ 시험 시작 ⇒ 답안파일 저장 ⇒ 답안 전송 ⇒ 시험 종료

공통 부문

- 글꼴에 대한 기본설정은 함초롬바탕, 10포인트, 검정, 줄간격 160%, 양쪽정렬로 합니다.
- 색상은 조건의 색을 적용하고 색의 구분이 안 될 경우에는 RGB 값을 적용하십시오(빨강 255, 0, 0 / 파랑 0, 0, 255 / 노랑 255, 255, 0).
- 각 문항에 주어진 ≪조건≫에 따라 작성하고 언급하지 않은 조건은 ≪출력형태≫와 같이 작성합니다.
- 용지여백은 왼쪽 · 오른쪽 11mm, 위쪽 · 아래쪽 · 머리말 · 꼬리말 10mm, 제본 0mm로 합니다.
- 그림 삽입 문제의 경우 「내 PC\문서\ITQ\Picture」 폴더에서 지정된 파일을 선택하여 삽입하십시오.
- 삽입한 그림은 반드시 문서에 포함하여 저장해야 합니다(미포함 시 감점 처리).
- 각 항목은 지정된 페이지에 출력형태와 같이 정확히 작성하시기 바라며, 그렇지 않을 경우에 해당 항목은 0점 처리됩니다.
    - ※ 페이지구분 : 1 페이지 – 기능평가 I (문제번호 표시 : 1. 2.),
        2페이지 – 기능평가 II (문제번호 표시 : 3. 4.),
        3페이지 – 문서작성 능력평가

기능평가

- 문제와 ≪조건≫은 입력하지 않으며 문제번호와 답(≪출력형태≫)만 작성합니다.
- 4번 문제는 묶기를 했을 경우 0점 처리됩니다.

문서작성 능력평가

- A4 용지(210mm×297mm) 1매 크기, 세로 서식 문서로 작성합니다.
- ◯◯◯표시는 문서작성에 대한 지시사항이므로 작성하지 않습니다.

The Insight KPC
kpc 한국생산성본부

1. 다음의 ≪조건≫에 따라 스타일 기능을 적용하여 ≪출력형태≫와 같이 작성하시오.　(50점)

　≪조건≫　(1) 스타일 이름 - exhibition
　　　　　(2) 문단 모양 - 첫 줄 들여쓰기 : 15pt, 문단 아래 간격 : 10pt
　　　　　(3) 글자 모양 - 글꼴 : 한글(돋움)/영문(굴림), 크기 : 10pt, 장평 : 95%, 자간 : 5%

≪출력형태≫

KAFF is held annually to promote the development of the architectural and cultural industry and to exchange information between architects and to hold business, harmony, and festivals.

한국건축산업대전은 건축문화산업의 발전을 도모하고 건축인들 간의 정보교류와 비즈니스 및 화합과 축제의 장으로 매년 개최된다.

2. 다음의 ≪조건≫에 따라 ≪출력형태≫와 같이 표와 차트를 작성하시오.　(100점)

　≪표 조건≫　(1) 표 전체(표, 캡션) - 돋움, 10pt
　　　　　　(2) 정렬 - 문자 : 가운데 정렬, 숫자 : 오른쪽 정렬
　　　　　　(3) 셀 배경(면 색) : 노랑
　　　　　　(4) 한글의 계산 기능을 이용하여 빈칸에 합계를 구하고, 캡션 기능 사용할 것
　　　　　　(5) 선 모양은 ≪출력형태≫와 동일하게 처리할 것

≪출력형태≫

2021 한국건축산업대전 관람객 현황(단위 : 백 명)

구분	1일차	2일차	3일차	4일차	합계
30대	94	100	103	112	
40대	143	152	164	178	
50대	126	136	145	154	
60대 이상	85	89	94	92	

　≪차트 조건≫　(1) 차트 데이터는 표 내용에서 일차별 30대, 40대, 50대의 값만 이용할 것
　　　　　　　(2) 종류 - 〈꺾은선형〉으로 작업할 것
　　　　　　　(3) 제목 - 굴림, 진하게, 12pt, 속성 - 채우기(하양), 테두리, 그림자(오른쪽)
　　　　　　　(4) 제목 이외의 전체 글꼴 - 굴림, 보통, 10pt
　　　　　　　(5) 축제목과 범례는 ≪출력형태≫와 동일하게 처리할 것

≪출력형태≫

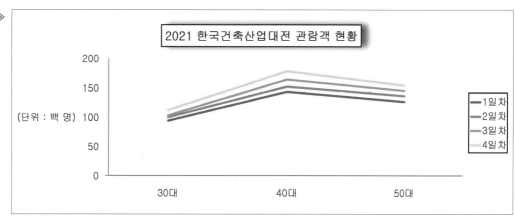

3. 다음 (1), (2)의 수식을 수식 편집기로 각각 입력하시오. (40점)

 ≪**출력형태**≫

(1) $\dfrac{F}{h_2} = t_2 k_1 \dfrac{t_1}{d} = 2 \times 10^{-7} \dfrac{t_1 t_2}{d}$

(2) $\displaystyle\int_a^b A(x-a)(x-b)dx = -\dfrac{A}{6}(b-a)^3$

4. 다음의 ≪조건≫에 따라 ≪출력형태≫와 같이 문서를 작성하시오. (110점)

 ≪**조건**≫ (1) 그리기 도구를 이용하여 작성하고, 모든 도형(글맵시, 지정된 그림)을 포함 ≪출력형태≫와 같이 작성하시오.

 (2) 도형의 면 색은 지시사항이 없으면 색 없음을 제외하고 서로 다르게 임의로 지정하시오.

 ≪**출력형태**≫

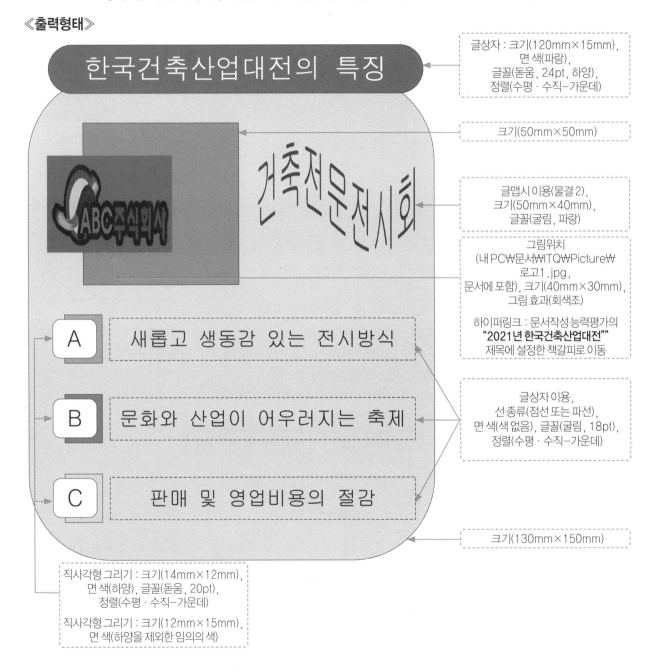

글상자 : 크기(120mm×15mm), 면 색(파랑), 글꼴(돋움, 24pt, 하양), 정렬(수평·수직-가운데)

크기(50mm×50mm)

글맵시 이용(물결 2), 크기(50mm×40mm), 글꼴(굴림, 파랑)

그림위치 (내 PC₩문서₩ITQ₩Picture₩ 로고1.jpg, 문서에 포함), 크기(40mm×30mm), 그림 효과(회색조)

하이퍼링크 : 문서작성능력평가의 **"2021년 한국건축산업대전""** 제목에 설정한 책갈피로 이동

글상자 이용, 선 종류(점선 또는 파선), 면 색(색 없음), 글꼴(굴림, 18pt), 정렬(수평·수직-가운데)

크기(130mm×150mm)

직사각형 그리기 : 크기(14mm×12mm), 면 색(하양), 글꼴(돋움, 20pt), 정렬(수평·수직-가운데)

직사각형 그리기 : 크기(12mm×15mm), 면 색(하양을 제외한 임의색)

글꼴 : 돋움, 18pt, 진하게, 가운데 정렬
책갈피 이름 : 건축축제, 덧말 넣기

머리말 기능
굴림, 10pt, 오른쪽 정렬 ▶종합전시회

문단 첫글자 장식 기능
글꼴 : 궁서, 면색 : 노랑

건축사와 함께하는
2021 한국건축산업대전

각주

그림위치(내 PC₩문서₩ITQ₩Picture₩그림4.jpg, 문서에 포함)
자르기 기능 이용, 크기(40mm×35mm), 바깥 여백 왼쪽 : 2mm

한국건축산업대전은 B2B, B2G④ 형태로 이루어지는 국내 유일의 건축 전문전시회로 건축산업의 흐름을 한눈에 확인할 수 있는 정보교류의 장이다. 2006년부터 시작해 올해로 16회를 맞이하고 있는 한국건축산업대전은 국내 최대의 건축전문전시회로 건축산업 발전에 초석(礎石)을 이루고 있다. 한국건축산업대전은 건축사, 건축 자재 업체, 건축 서비스 수요자인 모든 국민이 공감할 수 있는 전시회로 건축사의 전문성, 공공성을 바탕으로 다양한 콘텐츠, 프리미엄 친환경 제품, 신공법 및 신기술 그리고 정부, 공공기관, 민간과의 정보교류 등을 통해 건축의 변화와 발전을 몸소 체험할 기회를 제공하고 있다.

　한국건축산업대전은 건축의 미래 트렌드를 도모하고 관련 업계 파이를 키우는 데 기여하고 있으며, 나아가 국민, 기업, 지자체의 원활한 소통(疏通)을 통한 주거복지와 지역경제 활성화에 이바지하고 있다. 한국건축산업대전은 우수 건축자재 및 건설장비, 조경, 신재생에너지, IT, 고효율 에너지 절약기기 등이 함께 전시되어 행사의 다양성을 높이고 건축사, 건축 관련 종사자, 일반 관람자가 참가하여 대한민국 건축의 현주소와 미래를 알 수 있는 축제의 한마당으로 운영된다.

♣ 2021 한국건축산업대전 개요

글꼴 : 궁서, 18pt, 하양
음영색 : 파랑

　I. 기간 및 장소

　　① 기간 : 2021.10.20.(수) - 2021.10.23.(토) 4일간

　　② 장소 : 코엑스 D홀

　II. 주관 및 후원

　　① 주관 : 대한건축사협회, 코엑스 외 다수

　　② 후원 : 국가건축정책위원회, 산업통상자원부 외 다수

문단 번호 기능 사용
1수준 : 20pt, 오른쪽 정렬,
2수준 : 30pt, 오른쪽 정렬,
줄 간격 : 180%

♣ 동시 개최 및 부대행사

글꼴 : 궁서, 18pt,
밑줄, 강조점

표 전체 글꼴 : 돋움, 10pt, 가운데 정렬
셀 배경(그러데이션) : 유형(왼쪽 대각선),
시작색(하양), 끝색(노랑)

구분	내용	주최	주관
기념식	한국건축문화대상 시상식	국토교통부, 대한건축사협회	대한건축사협회
문화전시회	한국건축문화대상 작품 전시		코엑스
	서울국제건축영화제 영화상영		대한건축학회
교육	건축사 실무교육		서울경제신문
세미나	건축 관련 세미나		한국건설기술연구원

글꼴 : 굴림, 24pt, 진하게
장평 105%, 오른쪽 정렬 ▶ # 건축산업대전사무국

각주 구분선 : 5cm

④ 기업과 정부 기관이 전자상거래를 이용하여 물건을 거래하거나 정보를 주고받는 것

쪽 번호 매기기
6으로 시작 ▶ vi

제8회 정보기술자격(ITQ) 시험

과 목	코 드	문제유형	시험시간	수험번호	성 명
아래한글	1111	B	60분		

The Insight KPC
kpc 한국생산성본부

1. 다음의 ≪조건≫에 따라 스타일 기능을 적용하여 ≪출력형태≫와 같이 작성하시오. (50점)

≪조건≫   (1) 스타일 이름 – florist
           (2) 문단 모양 – 왼쪽 여백 : 15pt, 문단 아래 간격 : 10pt
           (3) 글자 모양 – 글꼴 : 한글(돋움)/영문(굴림), 크기 : 10pt, 장평 : 95%, 자간 : 5%

≪출력형태≫

Floral art is the art of creating flower arrangements in vases, bowls, baskets or making bouquets and compositions from cut flowers, herbs, ornamental grasses and other plant materials.

플로리스트는 라틴어 '플로스'와 '이스트'의 합성어로, 디자인 감각을 살려 꽃을 아름다운 형태로 만들어 고객에게 제공하는 사람을 말한다.

2. 다음의 ≪조건≫에 따라 ≪출력형태≫와 같이 표와 차트를 작성하시오. (100점)

≪표 조건≫   (1) 표 전체(표, 캡션) – 돋움, 10pt
           (2) 정렬 – 문자 : 가운데 정렬, 숫자 : 오른쪽 정렬
           (3) 셀 배경(면 색) : 노랑
           (4) 한글의 계산 기능을 이용하여 빈칸에 평균(소수점 두자리)을 구하고, 캡션 기능 사용할 것
           (5) 선 모양은 ≪출력형태≫와 같이 동일하게 처리할 것

≪출력형태≫

압화 장식 소품 유통 정보(단위 : 십 원, 속)

구분	열쇠고리	카드	목걸이	손거울	평균
최고가	550	320	620	550	
최저가	300	180	230	130	
평균가	350	205	250	250	
거래량	430	127	270	170	

≪차트 조건≫   (1) 차트 데이터는 표 내용에서 구분별 최고가, 최저가, 평균가의 값만 이용할 것
           (2) 종류 – 〈꺾은선형〉으로 작업할 것
           (3) 제목 – 굴림, 진하게, 12pt, 속성 – 채우기(하양), 테두리, 그림자(아래쪽)
           (4) 제목 이외의 전체 글꼴 – 굴림, 보통, 10pt
           (5) 축제목과 범례는 ≪출력형태≫와 동일하게 처리할 것

≪출력형태≫

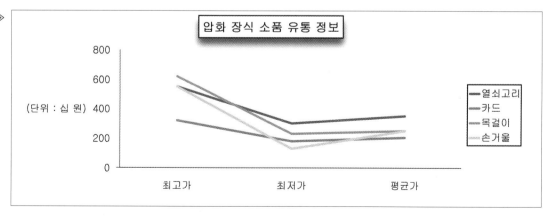

3. 다음 (1), (2)의 수식을 수식 편집기로 각각 입력하시오.　　　　(40점)

　　≪출력형태≫

(1) $\dfrac{k_x}{2h} \times (-2mk_x) = -\dfrac{mk^2}{h}$　　　　(2) $\overline{AB} = \sqrt{(x_2 - x_1)^2 + (y_2 - y_1)^2}$

4. 다음의 ≪조건≫에 따라 ≪출력형태≫와 같이 문서를 작성하시오.　　　　(110점)

　　≪조건≫　　(1) 그리기 도구를 이용하여 작성하고, 모든 도형(글맵시, 지정된 그림)을 포함 ≪출력형태≫와 같이 작성하시오.
　　　　　　　(2) 도형의 면 색은 지시사항이 없으면 색 없음을 제외하고 서로 다르게 임의로 지정하시오.

　　≪출력형태≫

글꼴 : 돋움, 18pt, 진하게, 가운데 정렬
책갈피 이름 : 누름꽃, 덧말 넣기

머리말 기능
굴림, 10pt, 오른쪽 정렬 → 꽃과 공예

누름꽃

독창적인 아름다움 프레스 플라워

문단 첫글자장식 기능
글꼴 : 궁서, 면색 : 노랑

그림위치(내PCW문서WITQWPictureW그림4.jpg, 문서에 포함)
자르기 기능 이용, 크기(40mm×40mm), 바깥 여백 왼쪽 : 2mm

자연의 아름다움 중에서 으뜸이라고 할 수 있는 꽃은 그 찬란함에 비해 계절적이고 순간적인 생명체이다. 이렇듯 짧은 생명력을 지닌 식물체의 꽃이나 잎, 줄기 등을 물리적 방법이나 약품으로 처리하는 등의 인공적 기술로 누름 건조시킨 후 회화적인 느낌을 강조하여 구성(構成)한 것을 압화 또는 자연화라고 하며, 영문으로 프레스 플라워라고 한다. 예로부터 창호지 문에 말린 나뭇잎이나 국화 꽃잎으로 문양(文樣)을 넣어 장식했으며, 희귀하거나 기념이 될 만한 식물을 오랫동안 보관하거나 장식용으로 이용해 왔다. 일반적으로는 액자로 만들어 장식하는데, 테이블 위에 아름답게 배치한 다음 판유리를 깔거나 투명한 유리병 속에 넣어 장식해도 훌륭한 인테리어 용품이 된다. 또 프레스 플라워를 활용하여 축하 카드나 장식용 전등을 만들기도 한다.

프레스 플라워에 대한 최초의 연구는 1551년 이탈리아의 식물학자인 키네가 학술 연구를 목적으로 식물 표본을 제작한 것으로 기록되어 있다. 프레스 플라워는 19세기 후반 빅토리아 여왕① 시대부터 본격적으로 발달하기 시작하여 그 기법이 다양해지면서 플라워 디자인의 한 분야로 발전되었다.

각주

♥ 2021 부케 만들기 클래스

글꼴 : 궁서, 18pt, 하양
음영색 : 파랑

가) 일시 및 장소
　a) 일시 : 2021.10.16.(토) 13:00-15:00
　b) 장소 : 중앙공원
나) 대상 및 내용
　a) 대상 : 부부 및 연인 40팀(총 80명)
　b) 내용 : 부부와 연인이 서로 사랑과 감사의 마음을 담은 부케 만들기

문단 번호 기능 사용
1수준 : 20pt, 오른쪽 정렬,
2수준 : 30pt, 오른쪽 정렬,
줄 간격 : 180%

표 전체글꼴 : 돋움, 10pt, 가운데 정렬
셀 배경(그러데이션) : 유형(왼쪽 대각선),
시작색(하양), 끝색(노랑)

♥ 꽃 박람회 체험행사

글꼴 : 궁서, 18pt,
밑줄, 강조점

체험	내용	비용	장소
보타니컬 아트 체험	꽃그림 엽서 및 카드 만들기	1,000원	D-450
듀센미소 체험존	한복방향제, 한복거울 만들기	2,000원	D-580
	수경꽃꽂이, 캐주얼 꽃다발 만들기	3,000원	D-582
압화 만들기 체험	누름꽃 열쇠고리 및 부채 만들기	2,000원	H-630
	누름꽃 목걸이 및 손거울 만들기	5,000원	H-730

글꼴 : 굴림, 24pt, 진하게
장평 105%, 오른쪽 정렬 → # 프레스플라워협회

각주 구분선 : 5cm

① 영국의 왕(재위 1837-1901)으로 영국의 전성기를 이룸

쪽 번호 매기기
7로 시작 → vii

제9회 정보기술자격(ITQ) 시험

과 목	코 드	문제유형	시험시간	수험번호	성 명
아래한글	1111	C	60분		

수험자 유의사항

◦ 수험자는 문제지를 받는 즉시 문제지와 **수험표상의 시험과목(프로그램)이 동일한지 반드시 확인**하여야 합니다.

◦ 파일명은 본인의 "수험번호–성명"으로 입력하여 답안폴더(내 PC\문서\ITQ)에 하나의 파일로 저장해야 하며, 답안문서 파일명이 "수험번호–성명"과 일치하지 않거나, 답안파일을 전송하지 않아 미제출로 처리될 경우 실격 처리합니다 (예 : 12345678–홍길동.hwp).

◦ 답안 작성을 마치면 파일을 저장하고, '답안 전송' 버튼을 선택하여 감독위원 PC로 답안을 전송하십시오. 수험생 정보와 저장한 파일명이 다를 경우 전송되지 않으므로 주의하시기 바랍니다.

◦ 답안 작성 중에도 **주기적으로 저장하고, '답안 전송'**하여야 문제 발생을 줄일 수 있습니다. 작업한 내용을 저장하지 않고 전송할 경우 이전에 저장된 내용이 전송되오니 이점 유의하시기 바랍니다.

◦ 답안문서는 지정된 경로 외의 다른 보조기억장치에 저장하는 경우, 지정된 시험 시간 외에 작성된 파일을 활용할 경우, 기타 통신수단(이메일, 메신저, 네트워크 등)을 이용하여 타인에게 전달 또는 외부 반출하는 경우는 부정 처리합니다.

◦ 시험 중 부주의 또는 고의로 시스템을 파손한 경우는 수험자가 변상해야 하며, 〈수험자 유의사항〉에 기재된 방법대로 이행하지 않아 생기는 불이익은 수험생 당사자의 책임임을 알려 드립니다.

◦ 문제의 조건은 한컴오피스 2020 버전으로 설정되어 있으니 유의하시기 바랍니다.

◦ 시험을 완료한 수험자는 답안파일이 전송되었는지 확인한 후 감독위원의 지시에 따라 문제지를 제출하고 퇴실합니다.

답안 작성요령

온라인 답안 작성 절차

수험자 등록 ⇒ 시험 시작 ⇒ 답안파일 저장 ⇒ 답안 전송 ⇒ 시험 종료

공통 부문

○ 글꼴에 대한 기본설정은 함초롬바탕, 10포인트, 검정, 줄간격 160%, 양쪽정렬로 합니다.

○ 색상은 조건의 색을 적용하고 색의 구분이 안 될 경우에는 RGB 값을 적용하십시오(빨강 255, 0, 0 / 파랑 0, 0, 255 / 노랑 255, 255, 0).

○ 각 문항에 주어진 ≪조건≫에 따라 작성하고 언급하지 않은 조건은 ≪출력형태≫와 같이 작성합니다.

○ 용지여백은 왼쪽 · 오른쪽 11mm, 위쪽 · 아래쪽 · 머리말 · 꼬리말 10mm, 제본 0mm로 합니다.

○ 그림 삽입 문제의 경우 「내 PC\문서\ITQ\Picture」 폴더에서 지정된 파일을 선택하여 삽입하십시오.

○ 삽입한 그림은 반드시 문서에 포함하여 저장해야 합니다(미포함 시 감점 처리).

○ 각 항목은 지정된 페이지에 출력형태와 같이 정확히 작성하시기 바라며, 그렇지 않을 경우에 해당 항목은 0점 처리됩니다.

　※ 페이지구분 : 1 페이지 – 기능평가 I (문제번호 표시 : 1. 2.),

　　　　　　　 2페이지 – 기능평가 II (문제번호 표시 : 3. 4.),

　　　　　　　 3페이지 – 문서작성 능력평가

기능평가

○ 문제와 ≪조건≫은 입력하지 않으며 문제번호와 답(≪출력형태≫)만 작성합니다.

○ 4번 문제는 묶기를 했을 경우 0점 처리됩니다.

문서작성 능력평가

○ A4 용지(210mm×297mm) 1매 크기, 세로 서식 문서로 작성합니다.

○ ⬭표시는 문서작성에 대한 지시사항이므로 작성하지 않습니다.

1. 다음의 ≪조건≫에 따라 스타일 기능을 적용하여 ≪출력형태≫와 같이 작성하시오. (50점)

　　≪조건≫　　(1) 스타일 이름 – manhwa
　　　　　　　(2) 문단 모양 – 왼쪽 여백 : 15pt, 문단 아래 간격 : 10pt
　　　　　　　(3) 글자 모양 – 글꼴 : 한글(돋움)/영문(굴림), 크기 : 10pt, 장평 : 95%, 자간 : 5%

　≪출력형태≫

　　　Korea Manhwa Museum opened in 2001. All collections are open to the public by various exhibitions. Museum also runs variety of experiential activities related Manhwa.

　　　디지털 미디어 시대에서 만화는 웹툰으로 탈바꿈했고, 이제 웹툰은 만화라는 어머니를 삼켜버린 절대적 용어가 되었다고 해도 과언이 아니다.

2. 다음의 ≪조건≫에 따라 ≪출력형태≫와 같이 표와 차트를 작성하시오. (100점)

　　≪표 조건≫　(1) 표 전체(표, 캡션) – 돋움, 10pt
　　　　　　　(2) 정렬 – 문자 : 가운데 정렬, 숫자 : 오른쪽 정렬
　　　　　　　(3) 셀 배경(면 색) : 노랑
　　　　　　　(4) 한글의 계산 기능을 이용하여 빈칸에 평균(소수점 두자리)을 구하고, 캡션 기능 사용할 것
　　　　　　　(5) 선 모양은 ≪출력형태≫와 동일하게 처리할 것

　≪출력형태≫

연령별 만화산업 종사자 현황(단위 : 명)

구분	29세 이하	30-34세	35-39세	40-45세	평균
만화출판업	578	739	689	497	
온라인 만화 제작	288	338	262	183	
만화책 임대업	529	1164	566	350	
만화 도소매업	353	245	215	550	

　≪차트 조건≫(1) 차트 데이터는 표 내용에서 연령별 만화출판업, 온라인 만화 제작, 만화책 임대업의 값만 이용할 것
　　　　　　　(2) 종류 –〈꺾은선형〉으로 작업할 것
　　　　　　　(3) 제목 – 굴림, 진하게, 12pt, 속성– 채우기(하양), 테두리, 그림자(대각선 오른쪽 아래)
　　　　　　　(4) 제목 이외의 전체 글꼴 – 굴림, 보통, 10pt
　　　　　　　(5) 축제목과 범례는 ≪출력형태≫와 동일하게 처리할 것

　≪출력형태≫

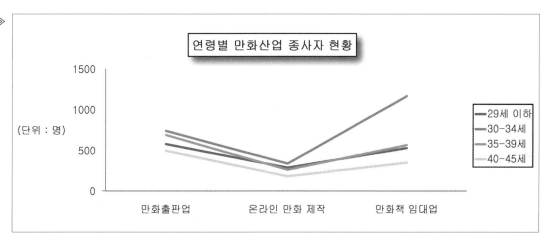

3. 다음 (1), (2)의 수식을 수식 편집기로 각각 입력하시오. (40점)

≪출력형태≫

(1) $E = \sqrt{\dfrac{GM}{R}}, \dfrac{R^3}{T^2} = \dfrac{GM}{4\pi^2}$

(2) $H_n = \dfrac{a(r^n - 1)}{r - 1} = \dfrac{a(1 + r^n)}{1 - r} (r \neq 1)$

4. 다음의 ≪조건≫에 따라 ≪출력형태≫와 같이 문서를 작성하시오. (110점)

   ≪조건≫ (1) 그리기 도구를 이용하여 작성하고, 모든 도형(글맵시, 지정된 그림)을 포함 ≪출력형태≫와 같이 작성하시오.

   (2) 도형의 면 색은 지시사항이 없으면 색 없음을 제외하고 서로 다르게 임의로 지정하시오.

≪출력형태≫

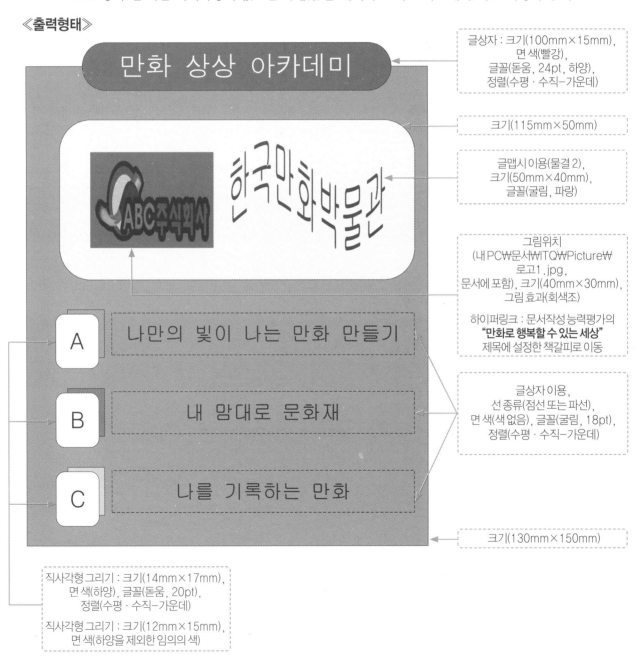

글상자 : 크기(100mm×15mm), 면 색(빨강), 글꼴(돋움, 24pt, 하양), 정렬(수평·수직-가운데)

크기(115mm×50mm)

글맵시 이용(물결 2), 크기(50mm×40mm), 글꼴(굴림, 파랑)

그림위치 (내 PC₩문서₩ITQ₩Picture₩ 로고1.jpg, 문서에 포함), 크기(40mm×30mm), 그림 효과(회색조)

하이퍼링크 : 문서작성능력평가의 **"만화로 행복할 수 있는 세상"** 제목에 설정한 책갈피로 이동

글상자 이용, 선종류(점선 또는 파선), 면 색(색 없음), 글꼴(굴림, 18pt), 정렬(수평·수직-가운데)

크기(130mm×150mm)

직사각형 그리기 : 크기(14mm×17mm), 면 색(하양), 글꼴(돋움, 20pt), 정렬(수평·수직-가운데)

직사각형 그리기 : 크기(12mm×15mm), 면 색(하양을 제외한 임의의 색)

문단 첫글자 장식 기능
글꼴 : 궁서, 면색 : 노랑

시대를 담는 만화
만화로 행복할 수 있는 세상

그림위치(내 PC₩문서₩ITQ₩Picture₩그림4.jpg, 문서에 포함)
자르기 기능 이용, 크기(40mm×40mm), 바깥 여백 왼쪽 : 2mm

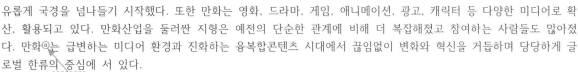

만화백과사전에서 모리스 혼은 "그 안에 완성된 하나의 생각을 하는 그림은 어떤 것이라도 만화라 불릴 수 있다."고 말했다. 만화는 인간이 지닌 원초적인 창조력을 바탕으로 세상의 모든 이야기를 담아내는 매체(媒體)다. 만화는 한 칸으로 세상을 풍자하기도 하고 여러 페이지를 통해 세상에 존재하지 않는 세계를 만들기도 한다. 만화는 아주 간단한 선만으로 완성되기도 하고 세밀한 선과 복잡한 채색이 동원되기도 한다.

이런 만화는 놀랍게도 작가 1인의 창의적 힘에 기대고 있는 매체이다. 만화는 근대 이후 주로 자국의 출판시스템을 기반(基盤)으로 발전했다. 그런데 21세기를 맞이해 격렬한 변화와 마주하게 되었다. 만화는 디지털 미디어로 확장되었고 종이 미디어 시대와 비교해 더 자유롭게 국경을 넘나들기 시작했다. 또한 만화는 영화, 드라마, 게임, 애니메이션, 광고, 캐릭터 등 다양한 미디어로 확산, 활용되고 있다. 만화산업을 둘러싼 지형은 예전의 단순한 관계에 비해 더 복잡해졌고 참여하는 사람들도 많아졌다. 만화ⓐ는 급변하는 미디어 환경과 진화하는 융복합콘텐츠 시대에서 끊임없이 변화와 혁신을 거듭하며 당당하게 글로벌 한류의 중심에 서 있다.

각주

◆ **인스타툰 공모전**

글꼴 : 궁서, 18pt, 하양
음영색 : 파랑

A. 응모 기간 및 응모대상
　1. 응모 기간 : 2021.10.20.(수) - 2021.10.31.(일) 17:00까지
　2. 응모대상 : 웹툰 제작 및 작가에 관심 있는 누구나
B. 심사 일정
　1. 1차 심사 : 2021.11.5.(금) / Top 10 작품 선정
　2. 최종 심사 : 2021.11.13.(토) / 심사위원 및 온라인 투표 진행

문단 번호 기능 사용
1수준 : 20pt, 오른쪽 정렬,
2수준 : 30pt, 오른쪽 정렬,
줄 간격 : 180%

◆ **국제만화가대회 역대 개최지**

글꼴 : 궁서, 18pt,
밑줄, 강조점

표 전체 글꼴 : 굴림, 10pt, 가운데 정렬
셀 배경(그러데이션) : 유형(왼쪽 대각선),
시작색(하양), 끝색(노랑)

개최연도	시기	개최지	주제
2013년	11월	홍콩 완차이	만화창작의 새로운 방향
2014년		대만 카오슝	세계 각국 만화가의 디지털 창작 현황
2015년	10월	한국 대전	내 목소리
2018년	6월	대만 신베이시	디지털만화의 발전과 미래
2019년	11월-12월	일본 기타큐슈	만화 아카이브 – 만화의 보존과 전승

글꼴 : 굴림, 24pt, 진하게
장평 105%, 오른쪽 정렬

한국만화영상진흥원

각주 구분선 : 5cm

ⓐ 이야기 따위를 간결하고 익살스럽게 그린 그림으로 대화를 삽입하여 나타냄

쪽 번호 매기기
8로 시작 → viii

제10회 정보기술자격(ITQ) 시험

과 목	코 드	문제유형	시험시간	수험번호	성 명
아래한글	1111	C	60분		

수험자 유의사항

- 수험자는 문제지를 받는 즉시 문제지와 **수험표상의 시험과목(프로그램)이 동일한지 반드시 확인**하여야 합니다.
- 파일명은 본인의 "수험번호−성명"으로 입력하여 답안폴더(내 PC₩문서₩ITQ)에 하나의 파일로 저장해야 하며, 답안문서 파일명이 "수험번호−성명"과 일치하지 않거나, 답안파일을 전송하지 않아 미제출로 처리될 경우 실격 처리합니다 (예 : 12345678−홍길동.hwp).
- 답안 작성을 마치면 파일을 저장하고, '답안 전송' 버튼을 선택하여 감독위원 PC로 답안을 전송하십시오. 수험생 정보와 저장한 파일명이 다를 경우 전송되지 않으므로 주의하시기 바랍니다.
- 답안 작성 중에도 **주기적으로 저장하고, '답안 전송'**하여야 문제 발생을 줄일 수 있습니다. 작업한 내용을 저장하지 않고 전송할 경우 이전에 저장된 내용이 전송되오니 이점 유의하시기 바랍니다.
- 답안문서는 지정된 경로 외의 다른 보조기억장치에 저장하는 경우, 지정된 시험 시간 외에 작성된 파일을 활용할 경우, 기타 통신수단(이메일, 메신저, 네트워크 등)을 이용하여 타인에게 전달 또는 외부 반출하는 경우는 부정 처리합니다.
- 시험 중 부주의 또는 고의로 시스템을 파손한 경우는 수험자가 변상해야 하며, 〈수험자 유의사항〉에 기재된 방법대로 이행하지 않아 생기는 불이익은 수험생 당사자의 책임임을 알려 드립니다.
- 문제의 조건은 한컴오피스 2020 버전으로 설정되어 있으니 유의하시기 바랍니다.
- 시험을 완료한 수험자는 답안파일이 전송되었는지 확인한 후 감독위원의 지시에 따라 문제지를 제출하고 퇴실합니다.

답안 작성요령

온라인 답안 작성 절차

수험자 등록 ⇒ 시험 시작 ⇒ 답안파일 저장 ⇒ 답안 전송 ⇒ 시험 종료

공통 부문

- 글꼴에 대한 기본설정은 함초롬바탕, 10포인트, 검정, 줄간격 160%, 양쪽정렬로 합니다.
- 색상은 조건의 색을 적용하고 색의 구분이 안 될 경우에는 RGB 값을 적용하십시오(빨강 255, 0, 0 / 파랑 0, 0, 255 / 노랑 255, 255, 0).
- 각 문항에 주어진 ≪조건≫에 따라 작성하고 언급하지 않은 조건은 ≪출력형태≫와 같이 작성합니다.
- 용지여백은 왼쪽 · 오른쪽 11mm, 위쪽 · 아래쪽 · 머리말 · 꼬리말 10mm, 제본 0mm로 합니다.
- 그림 삽입 문제의 경우 「내 PC₩문서₩ITQ₩Picture」 폴더에서 지정된 파일을 선택하여 삽입하십시오.
- 삽입한 그림은 반드시 문서에 포함하여 저장해야 합니다(미포함 시 감점 처리).
- 각 항목은 지정된 페이지에 출력형태와 같이 정확히 작성하시기 바라며, 그렇지 않을 경우에 해당 항목은 0점 처리됩니다.
  - ※ 페이지구분 : 1 페이지 − 기능평가 I (문제번호 표시 : 1. 2.),
  - 2페이지 − 기능평가 II (문제번호 표시 : 3. 4.),
  - 3페이지 − 문서작성 능력평가

기능평가

- 문제와 ≪조건≫은 입력하지 않으며 문제번호와 답(≪출력형태≫)만 작성합니다.
- 4번 문제는 묶기를 했을 경우 0점 처리됩니다.

문서작성 능력평가

- A4 용지(210mm×297mm) 1매 크기, 세로 서식 문서로 작성합니다.
- ◯ 표시는 문서작성에 대한 지시사항이므로 작성하지 않습니다.

The Insight KPC
kpc 한국생산성본부

1. 다음의 ≪조건≫에 따라 스타일 기능을 적용하여 ≪출력형태≫와 같이 작성하시오. (50점)

≪조건≫
   (1) 스타일 이름 – fire
   (2) 문단 모양 – 왼쪽 여백 : 15pt, 문단 아래 간격 : 10pt
   (3) 글자 모양 – 글꼴 : 한글(돋움)/영문(궁서), 크기 : 10pt, 장평 : 105%, 자간 : −5%

≪출력형태≫

The fire evacuation application design began as a part of an attempt to save precious lives more efficiently and smarter through the evolving internet.

화재 대피 애플리케이션 디자인은 5G 기술과 더불어 발전하는 중인 사물인터넷을 통해 효율적이고 더 스마트하게 소중한 인명을 구하려는 시도의 일환으로 시작되었습니다.

2. 다음의 ≪조건≫에 따라 ≪출력형태≫와 같이 표와 차트를 작성하시오. (100점)

≪표 조건≫
   (1) 표 전체(표, 캡션) – 돋움, 10pt
   (2) 정렬 – 문자 : 가운데 정렬, 숫자 : 오른쪽 정렬
   (3) 셀 배경(면 색) : 노랑
   (4) 한글의 계산 기능을 이용하여 빈칸에 합계를 구하고, 캡션 기능 사용할 것
   (5) 선 모양은 ≪출력형태≫와 같이 동일하게 처리할 것

≪출력형태≫

화재 대피 도면의 유효 정보량(단위 : %)

정보량	앞면 섹터	옆면 섹터	윗면 섹터	단면 섹터	합계
전체도면	14.48	20.92	13.19	11.43	
확대영역 1	0.79	23.16	16.65	21.07	
확대영역 2	12.08	17.62	5.13	0.58	
확대영역 3	7.43	13.81	13.03	5.72	✕

≪차트 조건≫
   (1) 차트 데이터는 표 내용에서 섹터별 전체도면, 확대영역 1, 확대영역 2의 값만 이용할 것
   (2) 종류 – 〈묶은 가로 막대형〉으로 작업할 것
   (3) 제목 – 굴림, 진하게, 12pt, 속성 – 채우기(하양), 테두리, 그림자(오른쪽)
   (4) 제목 이외의 전체 글꼴 – 굴림, 보통, 10pt
   (5) 축제목과 범례는 ≪출력형태≫와 동일하게 처리할 것

≪출력형태≫

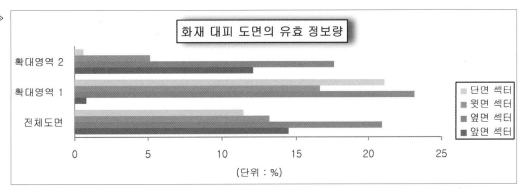

3. 다음 (1), (2)의 수식을 수식 편집기로 각각 입력하시오. (40점)

≪출력형태≫

(1) $\displaystyle\int_a^b xf(x)dx = \frac{1}{b-a}\int_a^b xdx = \frac{a+b}{2}$ (2) $\displaystyle\sum_{k=1}^n (k^4+1) - \sum_{k=3}^n (k^4+1) = 19$

4. 다음의 ≪조건≫에 따라 ≪출력형태≫와 같이 문서를 작성하시오. (110점)

≪조건≫ (1) 그리기 도구를 이용하여 작성하고, 모든 도형(글맵시, 지정된 그림)을 포함 ≪출력형태≫와 같이 작성하시오.

(2) 도형의 면 색은 지시사항이 없으면 색 없음을 제외하고 서로 다르게 임의로 지정하시오.

≪출력형태≫

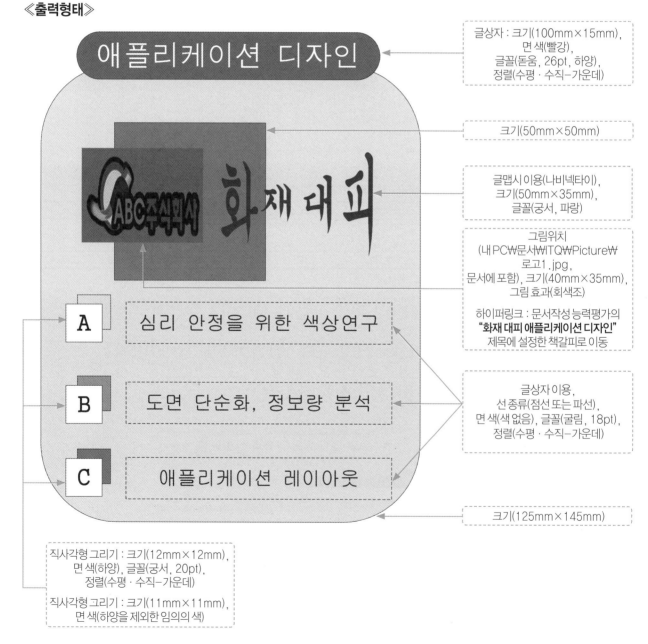

글상자 : 크기(100mm×15mm), 면 색(빨강), 글꼴(돋움, 26pt, 하양), 정렬(수평 · 수직-가운데)

크기(50mm×50mm)

글맵시이용(나비넥타이), 크기(50mm×35mm), 글꼴(궁서, 파랑)

그림위치 (내 PC₩문서₩ITQ₩Picture₩ 로고1.jpg, 문서에 포함), 크기(40mm×35mm), 그림 효과(회색조)

하이퍼링크 : 문서작성능력평가의 **"화재 대피 애플리케이션 디자인"** 제목에 설정한 책갈피로 이동

글상자 이용, 선종류(점선 또는 파선), 면 색(색없음), 글꼴(굴림, 18pt), 정렬(수평 · 수직-가운데)

크기(125mm×145mm)

직사각형 그리기 : 크기(12mm×12mm), 면 색(하양), 글꼴(궁서, 20pt), 정렬(수평 · 수직-가운데)

직사각형 그리기 : 크기(11mm×11mm), 면 색(하양을 제외한 임의의 색)

글꼴 : 굴림, 18pt, 진하게, 가운데 정렬
책갈피 이름 : 대피, 덧말 넣기

머리말 기능
돋움, 10pt, 오른쪽 정렬 → 화재 대피 동선 안내

화재 경보
화재 대피 애플리케이션 디자인 개발

문단 첫글자 장식 기능
글꼴 : 궁서, 면색 : 노랑

각주

그림위치(내 PC₩문서₩ITQ₩Picture₩그림4.jpg, 문서에 포함)
자르기 기능 이용, 크기(40mm×40mm), 바깥 여백 왼쪽 : 2mm

모바일 애플리케이션의 디자인 가이드로 가장 널리 알려진 것은 구글에서 제안(提案)하는 머티리얼 디자인ⓐ이다. 머티리얼 디자인의 가이드는 세세한 부분까지 제안하고 있다. 그러나 재난 상황에서 사용하는 애플리케이션이라는 점과 콘텐츠를 최대한 단순화하여 사용성을 높인 점을 고려해야 한다. 따라서 많은 내용과 기능을 담은 애플리케이션의 복잡함을 단순하게 디자인하고 표준화하려는 해당 가이드의 의미를 이해하고, 애플리케이션 디자인에 필요한 부분 일부만을 참고(參考)한다.

머티리얼 디자인의 가이드 구조는 디자인 가이드와 컴포넌트들로 이루어져 있다. 디자인 가이드에 포함되는 대표적인 요소로는 레이아웃, 내비게이션, 색상, 폰트, 아이콘, 모션, 인터랙션 등이 있다. 컴포넌트에 해당하는 것들은 디자인 가이드의 구체적인 디자인 내용으로 버튼, 카드, 리스트, 메뉴, 탭, 툴팁, 픽커 등 여러 디자인이 존재한다. 머티리얼 디자인의 레이아웃에 포함되는 여백과 폰트를 중점적으로 참고하여 화재 대피 애플리케이션에 맞게 디자인하기로 한다. 유니버설 디자인의 관점에서 재난 시에 일어날 수 있는 심리요인 등을 고려하여, 시각적 불편함이 없는 내에서 기존의 가이드보다 넉넉한 마진과 거터 값을 선정한다.

♠ **모바일 애플리케이션의 그리드시스템** ◄

글꼴 : 굴림, 18pt, 하양
음영색 : 파랑

가. 전통적인 편집 디자인 요소

   ㉠ 스크롤링이 가능하므로 그리드의 세로 즉, 칼럼이 더 중요

   ㉡ 칼럼과 칼럼 사이 여백을 거터라 하며 모바일의 터치 오류 방지

나. 그리드시스템 핵심 요소

   ㉠ 칼럼, 거터, 마진의 적정 크기 결정

   ㉡ 콘텐츠의 크기가 작아지지 않게 시각적 불편 요소 체크

문단 번호 기능 사용
1수준 : 20pt, 오른쪽 정렬,
2수준 : 30pt, 오른쪽 정렬,
줄 간격 : 180%

표 전체글꼴 : 굴림, 10pt, 가운데 정렬
셀 배경(그러데이션) : 유형(가로),
시작색(하양), 끝색(노랑)

♠ *애플리케이션 디자인 문자 가이드* ◄

글꼴 : 굴림, 18pt,
기울임, 강조점

운영체제	문자 단위	해설 및 가이드
안드로이드	dp	밀도 독립 픽셀로 디바이스 디스플레이의 크기와 해상도에 따라 가변적
	sp	dp단위와 마찬가지로 디바이스 크기에 따라 가변적
iOS	pt	픽셀이 점과 같다는 의미에서 sp단위와 마찬가지로 가변적
웹	rem	기존 웹의 em크기가 상대적으로 변한 것
모바일에서 문자		디바이스 특성상 웹에 비해 작은 경향

글꼴 : 굴림, 24pt, 진하게
장평105%, 오른쪽 정렬

화재안전대책본부

각주 구분선 : 5cm

ⓐ 애플리케이션 디자인의 표준화를 위한 오픈소스. 아이콘, 디자인 등의 가이드 제안

쪽 번호 매기기
5로 시작 → 마

제11회 정보기술자격(ITQ) 시험

과 목	코 드	문제유형	시험시간	수험번호	성 명
아래한글	1111	A	60분		

수험자 유의사항

- 수험자는 문제지를 받는 즉시 문제지와 **수험표상의 시험과목(프로그램)이 동일한지 반드시 확인**하여야 합니다.
- 파일명은 본인의 "수험번호-성명"으로 입력하여 답안폴더(내 PC₩문서₩ITQ)에 하나의 파일로 저장해야 하며, 답안문서 파일명이 "수험번호-성명"과 일치하지 않거나, 답안파일을 전송하지 않아 미제출로 처리될 경우 실격 처리합니다 (예 : 12345678-홍길동.hwp).
- 답안 작성을 마치면 파일을 저장하고, '답안 전송' 버튼을 선택하여 감독위원 PC로 답안을 전송하십시오. 수험생 정보와 저장한 파일명이 다를 경우 전송되지 않으므로 주의하시기 바랍니다.
- 답안 작성 중에도 **주기적으로 저장하고, '답안 전송'**하여야 문제 발생을 줄일 수 있습니다. 작업한 내용을 저장하지 않고 전송할 경우 이전에 저장된 내용이 전송되오니 이점 유의하시기 바랍니다.
- 답안문서는 지정된 경로 외의 다른 보조기억장치에 저장하는 경우, 지정된 시험 시간 외에 작성된 파일을 활용할 경우, 기타 통신수단(이메일, 메신저, 네트워크 등)을 이용하여 타인에게 전달 또는 외부 반출하는 경우는 부정 처리합니다.
- 시험 중 부주의 또는 고의로 시스템을 파손한 경우는 수험자가 변상해야 하며, 〈수험자 유의사항〉에 기재된 방법대로 이행하지 않아 생기는 불이익은 수험생 당사자의 책임임을 알려 드립니다.
- 문제의 조건은 한컴오피스 2020 버전으로 설정되어 있으니 유의하시기 바랍니다.
- 시험을 완료한 수험자는 답안파일이 전송되었는지 확인한 후 감독위원의 지시에 따라 문제지를 제출하고 퇴실합니다.

답안 작성요령

온라인 답안 작성 절차

수험자 등록 ⇒ 시험 시작 ⇒ 답안파일 저장 ⇒ 답안 전송 ⇒ 시험 종료

공통 부문

- 글꼴에 대한 기본설정은 함초롬바탕, 10포인트, 검정, 줄간격 160%, 양쪽정렬로 합니다.
- 색상은 조건의 색을 적용하고 색의 구분이 안 될 경우에는 RGB 값을 적용하십시오(빨강 255, 0, 0 / 파랑 0, 0, 255 / 노랑 255, 255, 0).
- 각 문항에 주어진 ≪조건≫에 따라 작성하고 언급하지 않은 조건은 ≪출력형태≫와 같이 작성합니다.
- 용지여백은 왼쪽·오른쪽 11mm, 위쪽·아래쪽·머리말·꼬리말 10mm, 제본 0mm로 합니다.
- 그림 삽입 문제의 경우 「내 PC₩문서₩ITQ₩Picture」 폴더에서 지정된 파일을 선택하여 삽입하십시오.
- 삽입한 그림은 반드시 문서에 포함하여 저장해야 합니다(미포함 시 감점 처리).
- 각 항목은 지정된 페이지에 출력형태와 같이 정확히 작성하시기 바라며, 그렇지 않을 경우에 해당 항목은 0점 처리됩니다.
  - ※ 페이지구분 : 1 페이지 – 기능평가 l (문제번호 표시 : 1. 2.),
  - 2페이지 – 기능평가 ll (문제번호 표시 : 3. 4.),
  - 3페이지 – 문서작성 능력평가

기능평가

- 문제와 ≪조건≫은 입력하지 않으며 문제번호와 답(≪출력형태≫)만 작성합니다.
- 4번 문제는 묶기를 했을 경우 0점 처리됩니다.

문서작성 능력평가

- A4 용지(210mm×297mm) 1매 크기, 세로 서식 문서로 작성합니다.
- ⬭표시는 문서작성에 대한 지시사항이므로 작성하지 않습니다.

1. 다음의 ≪조건≫에 따라 스타일 기능을 적용하여 ≪출력형태≫와 같이 작성하시오. (50점)

≪조건≫   (1) 스타일 이름 – sultriness
(2) 문단 모양 – 첫 줄 들여쓰기 : 10pt, 문단 아래 간격 : 10pt
(3) 글자 모양 – 글꼴 : 한글(돋움)/영문(궁서), 크기 : 10pt, 장평 : 105%, 자간 : −5%

≪출력형태≫

It will be able to immediately deal with heat wave warnings or emergencies by knowing the criteria for heat wave and common sense of disease in advance.

폭염은 열사병, 열경련 등의 온열질환을 유발할 수 있으며, 심하면 사망에 이르게 된다. 또한 수산물 폐사 등의 재산피해와 여름철 전력 급증 등으로 생활의 불편을 초래하기도 한다.

2. 다음의 ≪조건≫에 따라 ≪출력형태≫와 같이 표와 차트를 작성하시오. (100점)

≪표 조건≫   (1) 표 전체(표, 캡션) – 돋움, 10pt
(2) 정렬 – 문자 : 가운데 정렬, 숫자 : 오른쪽 정렬
(3) 셀 배경(면 색) : 노랑
(4) 한글의 계산 기능을 이용하여 빈칸에 평균(소수점 두자리)을 구하고, 캡션 기능 사용할 것
(5) 선 모양은 ≪출력형태≫와 같이 동일하게 처리할 것

≪출력형태≫

계절별 기온 변화 현황(단위 : 도)

구분	2017	2018	2019	2020	평균
봄	13.09	13.12	12.71	12.23	
여름	24.51	25.37	24.10	24.21	
가을	14.24	13.76	15.38	14.36	
겨울	−0.80	1.33	3.05	1.21	

≪차트 조건≫ (1) 차트 데이터는 표 내용에서 연도별 봄, 여름, 가을의 값만 이용할 것
(2) 종류 – 〈묶은 세로 막대형〉으로 작업할 것
(3) 제목 – 굴림, 진하게, 12pt, 속성 – 채우기(하양), 테두리, 그림자(아래쪽)
(4) 제목 이외의 전체 글꼴 – 굴림, 보통, 10pt
(5) 축제목과 범례는 ≪출력형태≫와 동일하게 처리할 것

≪출력형태≫

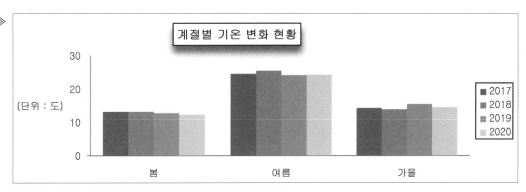

3. 다음 (1), (2)의 수식을 수식 편집기로 각각 입력하시오.　　　　　　　　　　　　　　　　(40점)

≪출력형태≫

(1) $\int_0^1 (\sin x + \dfrac{x}{2})dx = \int_0^1 \dfrac{1+\sin x}{2}dx$　　　　(2) $\lambda = \dfrac{h}{mh} = \dfrac{h}{\sqrt{2meV}}$

4. 다음의 ≪조건≫에 따라 ≪출력형태≫와 같이 문서를 작성하시오.　　　　　　　　　　(110점)

≪조건≫　　(1) 그리기 도구를 이용하여 작성하고, 모든 도형(글맵시, 지정된 그림)을 포함 ≪출력형태≫와 같이 작성하시오.

　　　　　　(2) 도형의 면 색은 지시사항이 없으면 색 없음을 제외하고 서로 다르게 임의로 지정하시오.

≪출력형태≫

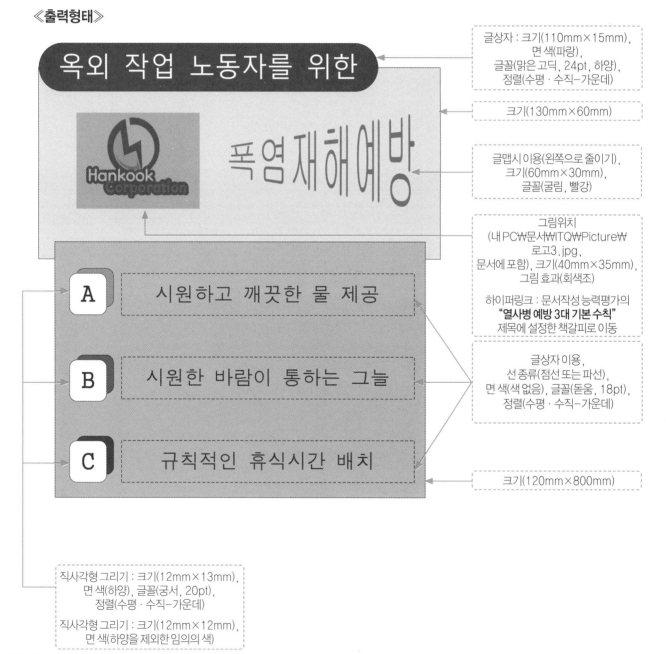

글꼴 : 굴림, 18pt, 진하게, 가운데 정렬
책갈피이름 : 폭염, 덧말 넣기

머리말 기능
돋움, 10pt, 오른쪽 정렬 → 산업재해 예방

물, 그늘, 휴식

열사병 예방 3대 기본수칙

문단 첫글자 장식 기능
글꼴 : 돋움, 면색 : 노랑

그림위치(내 PC₩문서₩ITQ₩Picture₩그림5.jpg, 문서에 포함)
자르기 기능 이용, 크기(40mm×40mm), 바깥여백 왼쪽 : 2mm

온도가 연일 35도를 웃돌며 여름철 전국 대부분 지역에 폭염 특보가 발효됐다. 폭염 특보가 발효되는 낮 시간에 건설현장 등에서 옥외 작업을 강행하면 사고가 나기 쉽다. 고용노동부에 따르면 최근 5년간 여름철 폭염으로 열사병 등 온열질환자ⓐ가 총 156명 발생했고, 이 중 26명이 사망했다. 이런 상황에서 고용노동부는 취약 사업장 지도감독 및 3대 기본수칙 전파(傳播) 및 홍보를 통해 노동자 건강을 관리한다는 방침이다.

지도감독 각주

기상청에 따르면 여름철 평균기온은 매해 지속해서 상승 추세를 보인다. 여름철 폭염 대비 노동 현장 건강과 관련한 대책이 더 강조돼야 하는 이유이다. 고용노동부가 폭염으로 인한 노동자 건강보호를 위해 강조하는 3대 기본수칙에 따르면 노동자가 일하는 공간에선 시원하고 깨끗한 물을 제공하고 규칙적으로 충분한 수분 섭취를 할 수 있도록 조치해야 한다. 또한 옥외 작업장과 가까운 곳에 햇빛을 완벽히 가리고 시원한 바람이 통할 수 있는 충분한 공간의 그늘도 제공(提供)해야 한다. 폭염 특보 발령 시 시간당 10-15분씩 규칙적인 휴식시간을 배치하고 근무시간을 탄력적으로 조정하는 등 무더위 시간대 옥외 작업을 최소화해야 한다. 한편, 작업자가 건강상의 이유로 작업 중지를 요청하면 사업주는 이에 즉시 조치해야 한다.

※ 폭염 시 질병관리

글꼴 : 굴림, 18pt, 하양
음영색 : 빨강

I. 온열질환 예방하기
　A. 증상 : 어지러움, 두통, 빠른 심장박동, 구토 등
　B. 응급처치 : 시원한 곳으로 옮겨, 체온을 식히고 시원한 물로 몸을 적심
II. 온열질환 예방과 함께 냉방병도 조심
　A. 실내 적정 온도 26도 유지(실내외 온도차 5-6도 유지)
　B. 2-4시간 마다 창문을 열어 환기하기

문단 번호 기능 사용
1수준 : 20pt, 오른쪽 정렬,
2수준 : 30pt, 오른쪽 정렬,
줄 간격 : 180%

※ 폭염 위험단계별 대응요령

글꼴 : 굴림, 18pt,
밑줄, 강조점

표 전체글꼴 : 돋움, 10pt, 가운데 정렬
셀 배경(그러데이션) : 유형(가로),
시작색(하양), 끝색(노랑)

관심	주의	경고	위험
체감온도 31도 이상	체감온도 33도 이상	체감온도 35도 이상	체감온도 38도 이상
작업자가 쉴 수 있는 그늘 준비	매시간 마다 10분씩 그늘에서 휴식	매시간 마다 15분씩 그늘에서 휴식	매시간 마다 15분 이상씩 그늘에서 휴식
온열질환 민감군 사전확인	14-17시 작업시간 조정	14-17시 불가피한 경우를 제외하고 옥외작업 중지	
	온열질환 민감군 휴식시간 추가 배정	온열질환 민감군 옥외 작업 제한	

글꼴 : 궁서, 24pt, 진하게,
장평 110%, 오른쪽 정렬

고용노동부

각주 구분선 : 5cm

ⓐ 대부분 옥외 작업 빈도가 높은 건설업, 환경미화 등 서비스업에서 발생

쪽 번호 매기기
5로 시작 → ⑤

제12회 정보기술자격(ITQ) 시험

과 목	코 드	문제유형	시험시간	수험번호	성 명
아래한글	1111	B	60분		

수험자 유의사항

- 수험자는 문제지를 받는 즉시 문제지와 **수험표상의 시험과목(프로그램)이 동일한지 반드시 확인**하여야 합니다.

- 파일명은 본인의 "수험번호-성명"으로 입력하여 답안폴더(내 PC₩문서₩ITQ)에 하나의 파일로 저장해야 하며, 답안문서 파일명이 "수험번호-성명"과 일치하지 않거나, 답안파일을 전송하지 않아 미제출로 처리될 경우 실격 처리합니다 (예 : 12345678-홍길동.hwp).

- 답안 작성을 마치면 파일을 저장하고, '답안 전송' 버튼을 선택하여 감독위원 PC로 답안을 전송하십시오. 수험생 정보와 저장한 파일명이 다를 경우 전송되지 않으므로 주의하시기 바랍니다.

- 답안 작성 중에도 **주기적으로 저장하고, '답안 전송'**하여야 문제 발생을 줄일 수 있습니다. 작업한 내용을 저장하지 않고 전송할 경우 이전에 저장된 내용이 전송되오니 이점 유의하시기 바랍니다.

- 답안문서는 지정된 경로 외의 다른 보조기억장치에 저장하는 경우, 지정된 시험 시간 외에 작성된 파일을 활용할 경우, 기타 통신수단(이메일, 메신저, 네트워크 등)을 이용하여 타인에게 전달 또는 외부 반출하는 경우는 부정 처리합니다.

- 시험 중 부주의 또는 고의로 시스템을 파손한 경우는 수험자가 변상해야 하며, 〈수험자 유의사항〉에 기재된 방법대로 이행하지 않아 생기는 불이익은 수험생 당사자의 책임임을 알려 드립니다.

- 문제의 조건은 한컴오피스 2020 버전으로 설정되어 있으니 유의하시기 바랍니다.

- 시험을 완료한 수험자는 답안파일이 전송되었는지 확인한 후 감독위원의 지시에 따라 문제지를 제출하고 퇴실합니다.

답안 작성요령

- **온라인 답안 작성 절차**

  수험자 등록 ⇒ 시험 시작 ⇒ 답안파일 저장 ⇒ 답안 전송 ⇒ 시험 종료

- **공통 부문**

  ○ 글꼴에 대한 기본설정은 함초롬바탕, 10포인트, 검정, 줄간격 160%, 양쪽정렬로 합니다.

  ○ 색상은 조건의 색을 적용하고 색의 구분이 안 될 경우에는 RGB 값을 적용하십시오(빨강 255, 0, 0 / 파랑 0, 0, 255 / 노랑 255, 255, 0).

  ○ 각 문항에 주어진 ≪조건≫에 따라 작성하고 언급하지 않은 조건은 ≪출력형태≫와 같이 작성합니다.

  ○ 용지여백은 왼쪽 · 오른쪽 11mm, 위쪽 · 아래쪽 · 머리말 · 꼬리말 10mm, 제본 0mm로 합니다.

  ○ 그림 삽입 문제의 경우 「내 PC₩문서₩ITQ₩Picture」 폴더에서 지정된 파일을 선택하여 삽입하십시오.

  ○ 삽입한 그림은 반드시 문서에 포함하여 저장해야 합니다(미포함 시 감점 처리).

  ○ 각 항목은 지정된 페이지에 출력형태와 같이 정확히 작성하시기 바라며, 그렇지 않을 경우에 해당 항목은 0점 처리됩니다.

  ※ 페이지구분 : 1 페이지 – 기능평가 I (문제번호 표시 : 1. 2.),

  　　　　　　　　2페이지 – 기능평가 II (문제번호 표시 : 3. 4.),

  　　　　　　　　3페이지 – 문서작성 능력평가

- **기능평가**

  ○ 문제와 ≪조건≫은 입력하지 않으며 문제번호와 답(≪출력형태≫)만 작성합니다.

  ○ 4번 문제는 묶기를 했을 경우 0점 처리됩니다.

- **문서작성 능력평가**

  ○ A4 용지(210mm×297mm) 1매 크기, 세로 서식 문서로 작성합니다.

  ○ ◯ 표시는 문서작성에 대한 지시사항이므로 작성하지 않습니다.

The Insight KPC
kpc 한국생산성본부

1. 다음의 ≪조건≫에 따라 스타일 기능을 적용하여 ≪출력형태≫와 같이 작성하시오. (50점)

   ≪조건≫ (1) 스타일 이름 – region

   　　　　(2) 문단 모양 – 왼쪽 여백 : 15pt, 문단 아래 간격 : 10pt

   　　　　(3) 글자 모양 – 글꼴 : 한글(돋움)/영문(궁서), 크기 : 10pt, 장평 : 105%, 자간 : -5%

   ≪출력형태≫

   Region is an area or division, part of a country or the world having definable characteristics and is classified in geography as formal and functional.

   지역이란 전체를 특징에 따라 나눈 일정한 공간 영역을 일컫는다. 지역은 다양한 방법으로 구분할 수 있는데 우리나라는 오래전부터 행정을 중심으로 지역을 나누어 왔다.

2. 다음의 ≪조건≫에 따라 ≪출력형태≫와 같이 표와 차트를 작성하시오. (100점)

   ≪표 조건≫ (1) 표 전체(표, 캡션) – 돋움, 10pt

   　　　　　(2) 정렬 – 문자 : 가운데 정렬, 숫자 : 오른쪽 정렬

   　　　　　(3) 셀 배경(면 색) : 노랑

   　　　　　(4) 한글의 계산 기능을 이용하여 빈칸에 평균(소수점 두 자리)을 구하고, 캡션 기능 사용할 것

   　　　　　(5) 선 모양은 ≪출력형태≫와 같이 동일하게 처리할 것

   ≪출력형태≫

   지역별 인구 현황(단위 : 천 명)

지역	2017년	2018년	2019년	2020년	평균
부산	3,470	3,441	3,414	3,392	
대구	2,475	2,462	2,438	2,418	
인천	2,948	2,955	2,957	2,943	
광주	1,463	1,459	1,456	1,450	

   ≪차트 조건≫ (1) 차트 데이터는 표 내용에서 연도별 부산, 대구, 인천의 값만 이용할 것

   　　　　　(2) 종류 – 〈묶은 가로 막대형〉으로 작업할 것

   　　　　　(3) 제목 – 굴림, 진하게, 12pt, 속성 – 채우기(하양), 테두리, 그림자(가운데)

   　　　　　(4) 제목 이외의 전체 글꼴 – 굴림, 보통, 10pt

   　　　　　(5) 축제목과 범례는 ≪출력형태≫와 같이 동일하게 처리할 것

   ≪출력형태≫

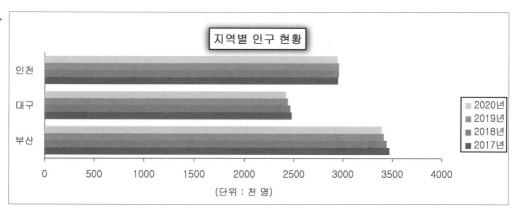

150점

3. 다음 (1), (2)의 수식을 수식 편집기로 각각 입력하시오. (40점)

≪출력형태≫

(1) $U_a - U_b = \dfrac{GmM}{a} - \dfrac{GmM}{b} = \dfrac{GmM}{2R}$

(2) $V = \dfrac{1}{R} \displaystyle\int_0^q qdq = \dfrac{1}{2}\dfrac{q^2}{R}$

4. 다음의 ≪조건≫에 따라 ≪출력형태≫와 같이 문서를 작성하시오. (110점)

≪조건≫ (1) 그리기 도구를 이용하여 작성하고, 모든 도형(글맵시, 지정된 그림)을 포함 ≪출력형태≫와 같이 작성하시오.
(2) 도형의 면 색은 지시사항이 없으면 색 없음을 제외하고 서로 다르게 임의로 지정하시오.

≪출력형태≫

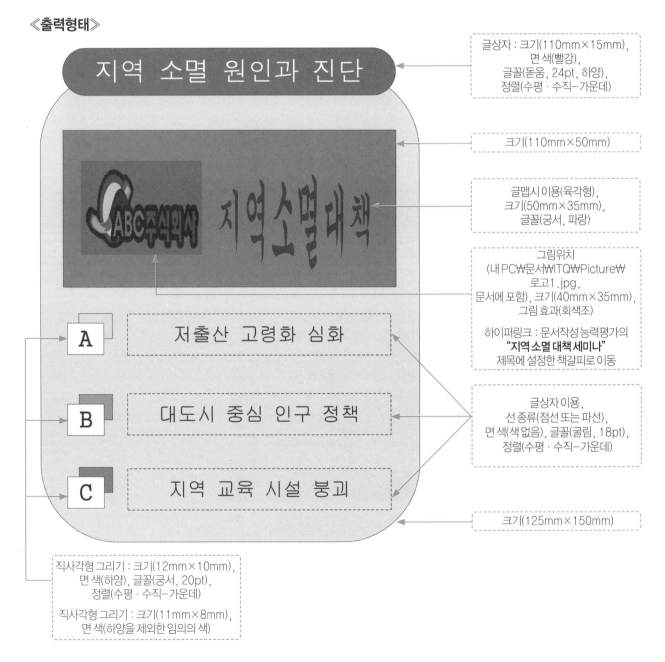

글상자 : 크기(110mm×15mm), 면 색(빨강), 글꼴(돋움, 24pt, 하양), 정렬(수평·수직-가운데)

크기(110mm×50mm)

글맵시 이용(육각형), 크기(50mm×35mm), 글꼴(궁서, 파랑)

그림위치(내 PC₩문서₩ITQ₩Picture₩로고1.jpg, 문서에 포함), 크기(40mm×35mm), 그림 효과(회색조)

하이퍼링크 : 문서작성능력평가의 "지역 소멸 대책 세미나" 제목에 설정한 책갈피로 이동

글상자 이용, 선종류(점선 또는 파선), 면 색(색없음), 글꼴(굴림, 18pt), 정렬(수평·수직-가운데)

크기(125mm×150mm)

직사각형 그리기 : 크기(12mm×10mm), 면 색(하양), 글꼴(궁서, 20pt), 정렬(수평·수직-가운데)

직사각형 그리기 : 크기(11mm×8mm), 면 색(하양을 제외한 임의의 색)

글꼴 : 굴림, 18pt, 진하게, 가운데 정렬
책갈피 이름 : 지역, 덧말 넣기

머리말 기능
돋움, 10pt, 오른쪽 정렬 → 지역 소멸 위기 극복

문단 첫글자 장식 기능
글꼴 : 궁서, 면색 : 노랑

각주

지역 소멸 위기
지역 소멸 대책 세미나

그림위치(내PC₩문서₩ITQ₩Picture₩그림4.jpg, 문서에 포함)
자르기 기능 이용, 크기(40mm×30mm), 바깥여백 왼쪽 : 2mm

저출산 고령화 현상이 지속함에 따라 우리나라 전체 인구구조 변화와 인구감소는 지역에 따라서 상당한 차이를 보이고 있다. 고령사회에 이미 진입한 광역자치단체의 일부 군 지역에서는 지역 인구가 지속적으로 감소하면서 지역이 사라질 수 있다는 우려가 커지고 있으며 행정안전부는 전국 89개 시, 군을 인구감소지역으로 지정 고시했다. 이에 지방 분권@과 지역 교육 및 공동체 복원 방안 논의를 위하여 중앙 정부 차원의 세미나를 개최하기로 하였다. 우리나라의 경우 2017년 고령화 사회에서 고령사회로 이미 진입하였으며 2026년 무렵에는 초고령화 사회로 진입할 것으로 예상하고 있는 가운데 인구 격감에 따른 지역의 소멸이 국가적 위기로 다가오고 있다. 2017년 신생아 수가 역대 최저인 35만 명 수준이고 합계출산율이 1.05명으로 전 세계에서 가장 낮은 수치를 보였다.

　정부는 지역 소멸의 위험성을 인식하고 '지역 공동체 복원'이라는 주제로 지역 소멸 대책 세미나를 기획(企劃)하고 있다. 국가교육회의와 저출산고령화위원회가 공동 기획한 본 행사는 저출산 고령화로 인해 지역의 교육과 공동체가 소멸하게 되는 악순환의 고리를 벗어나 지속 성장(成長)할 수 있고 온 국민이 행복한 대한민국을 만드는데 일조할 의미 있는 행사로 진행될 예정이다.

◆ **지역 소멸 대책 세미나 개요**

글꼴 : 굴림, 18pt, 하양
음영색 : 파랑

　i. 주제 및 기간
　　a. 주제 : 한국의 지역 소멸, 원인과 대책
　　b. 기간 : 2021.11.17.(수) - 2021.11.20.(토)
　ii. 주최 및 장소
　　a. 주최 : 국가교육회의, 저출산고령화위원회
　　b. 장소 : 서울정부청사 컨벤션홀

문단 번호 기능 사용
1수준 : 20pt, 오른쪽 정렬,
2수준 : 30pt, 오른쪽 정렬,
줄 간격 : 180%

표 전체글꼴 : 굴림, 10pt, 가운데 정렬
셀 배경(그러데이션) : 유형(가로),
시작색(하양), 끝색(노랑)

◆ *지역 소멸 대책 세미나 주제*

글꼴 : 굴림, 18pt,
기울임, 강조점

일자	주제	비고
11월 17일(수)	지역 소멸의 원인과 극복 방안	
11월 18일(목)	저출산 고령화 사회의 그늘	기타 자세한 사항은 센터 홈페이지를 참고하기 바랍니다.
11월 19일(금)	초고령화 사회 독일, 일본의 지역 소멸 방지 정책 소개	
	한국의 지역 소멸 위험 지수 분석	
11월 20일(토)	지역 교육 및 공동체 복원을 통한 지역 활성화 방안 논의	

글꼴 : 굴림, 24pt, 진하게
장평 105%, 오른쪽 정렬 → # 국가교육회의

각주 구분선 : 5cm

@ 의사결정의 권한이 지방 또는 하급기관에도 주어진 것

쪽번호 매기기
5로 시작 → E

제13회 정보기술자격(ITQ) 시험

과 목	코 드	문제유형	시험시간	수험번호	성 명
아래한글	1111	C	60분		

● 수험자는 문제지를 받는 즉시 문제지와 **수험표상의 시험과목(프로그램)이 동일한지 반드시 확인**하여야 합니다.

● 파일명은 본인의 "수험번호-성명"으로 입력하여 답안폴더(내 PC₩문서₩ITQ)에 하나의 파일로 저장해야 하며, 답안문서 파일명이 "수험번호-성명"과 일치하지 않거나, 답안파일을 전송하지 않아 미제출로 처리될 경우 실격 처리합니다 (예 : 12345678-홍길동.hwp).

● 답안 작성을 마치면 파일을 저장하고, '답안 전송' 버튼을 선택하여 감독위원 PC로 답안을 전송하십시오. 수험생 정보와 저장한 파일명이 다를 경우 전송되지 않으므로 주의하시기 바랍니다.

● 답안 작성 중에도 **주기적으로 저장하고, '답안 전송'**하여야 문제 발생을 줄일 수 있습니다. 작업한 내용을 저장하지 않고 전송할 경우 이전에 저장된 내용이 전송되오니 이점 유의하시기 바랍니다.

● 답안문서는 지정된 경로 외의 다른 보조기억장치에 저장하는 경우, 지정된 시험 시간 외에 작성된 파일을 활용할 경우, 기타 통신수단(이메일, 메신저, 네트워크 등)을 이용하여 타인에게 전달 또는 외부 반출하는 경우는 부정 처리합니다.

● 시험 중 부주의 또는 고의로 시스템을 파손한 경우는 수험자가 변상해야 하며, 〈수험자 유의사항〉에 기재된 방법대로 이행하지 않아 생기는 불이익은 수험생 당사자의 책임임을 알려 드립니다.

● 문제의 조건은 한컴오피스 2020 버전으로 설정되어 있으니 유의하시기 바랍니다.

● 시험을 완료한 수험자는 답안파일이 전송되었는지 확인한 후 감독위원의 지시에 따라 문제지를 제출하고 퇴실합니다.

● 온라인 답안 작성 절차

수험자 등록 ⇒ 시험 시작 ⇒ 답안파일 저장 ⇒ 답안 전송 ⇒ 시험 종료

● 공통 부문

○ 글꼴에 대한 기본설정은 함초롬바탕, 10포인트, 검정, 줄간격 160%, 양쪽정렬로 합니다.

○ 색상은 조건의 색을 적용하고 색의 구분이 안 될 경우에는 RGB 값을 적용하십시오(빨강 255, 0, 0 / 파랑 0, 0, 255 / 노랑 255, 255, 0).

○ 각 문항에 주어진 ≪조건≫에 따라 작성하고 언급하지 않은 조건은 ≪출력형태≫와 같이 작성합니다.

○ 용지여백은 왼쪽 · 오른쪽 11mm, 위쪽 · 아래쪽 · 머리말 · 꼬리말 10mm, 제본 0mm로 합니다.

○ 그림 삽입 문제의 경우「내 PC₩문서₩ITQ₩Picture」폴더에서 지정된 파일을 선택하여 삽입하십시오.

○ 삽입한 그림은 반드시 문서에 포함하여 저장해야 합니다(미포함 시 감점 처리).

○ 각 항목은 지정된 페이지에 출력형태와 같이 정확히 작성하시기 바라며, 그렇지 않을 경우에 해당 항목은 0점 처리됩니다.

  ※ 페이지구분 : 1 페이지 - 기능평가 I (문제번호 표시 : 1. 2.).

   　　　　　　2페이지 - 기능평가 II (문제번호 표시 : 3. 4.).

   　　　　　　3페이지 - 문서작성 능력평가

● 기능평가

○ 문제와 ≪조건≫은 입력하지 않으며 문제번호와 답(≪출력형태≫)만 작성합니다.

○ 4번 문제는 묶기를 했을 경우 0점 처리됩니다.

● 문서작성 능력평가

○ A4 용지(210mm×297mm) 1매 크기, 세로 서식 문서로 작성합니다.

○ ◯◯◯표시는 문서작성에 대한 지시사항이므로 작성하지 않습니다.

1. 다음의 ≪조건≫에 따라 스타일 기능을 적용하여 ≪출력형태≫와 같이 작성하시오.　　　　(50점)

　≪조건≫　(1) 스타일 이름 – metaverse
　　　　　(2) 문단 모양 – 첫 줄 들여쓰기 : 10pt, 문단 아래 간격 : 10pt
　　　　　(3) 글자 모양 – 글꼴 : 한글(궁서)/영문(굴림), 크기 : 10pt, 장평 : 105%, 자간 : –5%

≪출력형태≫

　Metaverse refers to a world in which virtual and reality interact and co-evolve, and social, economic, and cultural activities take place within them to create value.

　메타버스는 구현되는 공간이 현실 중심인지, 가상 중심인지, 구현되는 정보가 외부 환경정보 중심인지, 개인, 개체 중심인지에 따라 4가지 유형으로 구분된다.

2. 다음의 ≪조건≫에 따라 ≪출력형태≫와 같이 표와 차트를 작성하시오.　　　　(100점)

　≪표 조건≫　(1) 표 전체(표, 캡션) – 굴림, 10pt
　　　　　　(2) 정렬 – 문자 : 가운데 정렬, 숫자 : 오른쪽 정렬
　　　　　　(3) 셀 배경(면 색) : 노랑
　　　　　　(4) 한글의 계산 기능을 이용하여 빈칸에 합계를 구하고, 캡션 기능 사용할 것
　　　　　　(5) 선 모양은 ≪출력형태≫와 동일하게 처리할 것

≪출력형태≫

AR 콘텐츠 시장 규모 및 전망(단위 : 천만 달러)

구분	2020년	2021년	2022년	2023년	합계
하드웨어	103	201	659	1,363	
게임	234	484	926	1,514	
전자상거래	71	198	417	845	
테마파크	172	192	375	574	✕

　≪차트 조건≫(1) 차트 데이터는 표 내용에서 연도별 하드웨어, 게임, 전자상거래의 값만 이용할 것
　　　　　　(2) 종류 – 〈꺾은선형〉으로 작업할 것
　　　　　　(3) 제목 – 돋움, 진하게, 12pt, 속성– 채우기(하양), 테두리, 그림자(대각선 오른쪽 아래)
　　　　　　(4) 제목 이외의 전체 글꼴 – 돋움, 보통, 10pt
　　　　　　(5) 축제목과 범례는 ≪출력형태≫와 동일하게 처리할 것

≪출력형태≫

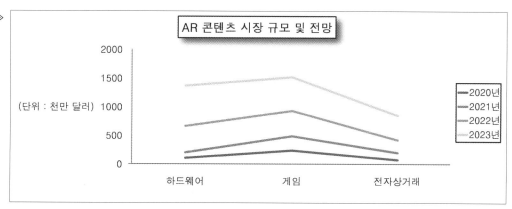

3. 다음 (1), (2)의 수식을 수식 편집기로 각각 입력하시오.　　　　　　　　　　　　　(40점)

≪출력형태≫

(1) $E = mr^2 = \dfrac{nc^2}{\sqrt{1 - \dfrac{r^2}{d^2}}}$　　　　　　　　(2) $Q = \lim_{\triangle t \to 0} \dfrac{\triangle s}{\triangle t} = \dfrac{d^2 s}{dt^2} + 1$

4. 다음의 ≪조건≫에 따라 ≪출력형태≫와 같이 문서를 작성하시오.　　　　　　　　(110점)

　≪조건≫ (1) 그리기 도구를 이용하여 작성하고, 모든 도형(글맵시, 지정된 그림)을 포함 ≪출력형태≫와 같이
　　　　　　　작성하시오.
　　　　　 (2) 도형의 면 색은 지시사항이 없으면 색 없음을 제외하고 서로 다르게 임의로 지정하시오.

≪출력형태≫

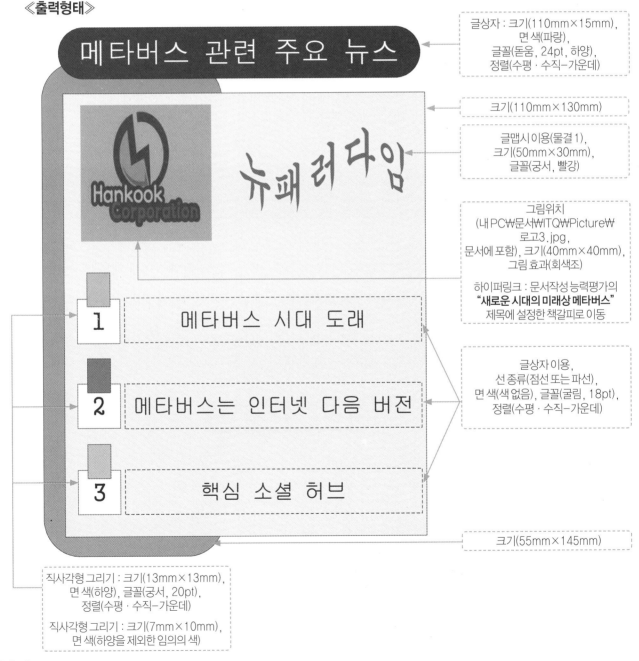

글상자 : 크기(110mm×15mm),
　　　 면 색(파랑),
　　　 글꼴(돋움, 24pt, 하양),
　　　 정렬(수평 · 수직−가운데)

크기(110mm×130mm)

글맵시 이용(물결 1),
크기(50mm×30mm),
글꼴(궁서, 빨강)

그림위치
(내 PC₩문서₩ITQ₩Picture₩
로고3.jpg,
문서에 포함), 크기(40mm×40mm),
그림 효과(회색조)

하이퍼링크 : 문서작성능력평가의
"새로운 시대의 미래상 메타버스"
제목에 설정한 책갈피로 이동

글상자 이용,
선 종류(점선 또는 파선),
면 색(색 없음), 글꼴(굴림, 18pt),
정렬(수평 · 수직−가운데)

크기(55mm×145mm)

직사각형 그리기 : 크기(13mm×13mm),
　　면 색(하양), 글꼴(궁서, 20pt),
　　정렬(수평 · 수직−가운데)

직사각형 그리기 : 크기(7mm×10mm),
　　면 색(하양을 제외한 임의의 색)

글꼴 : 굴림, 18pt, 진하게, 가운데 정렬
책갈피 이름 : 메타버스, 덧말 넣기

포스트 인터넷 시대
새로운 시대의 미래상 메타버스

문단 첫글자 장식 기능
글꼴 : 궁서, 면색 : 노랑

그림위치(내 PC₩문서₩ITQ₩Picture₩그림4.jpg, 문서에 포함)
자르기 기능 이용, 크기(40mm×40mm), 바깥여백 왼쪽 : 2mm

메 타버스란 가상과 현실이 상호작용하며 공진화하고 그 속에서 사회, 경제, 문화 활동
이 이루어지면서 가치를 창출하는 세상을 뜻한다. 최근 새로운 시대의 미래상으로
메타버스를 주목 중이며 관련 시장도 급성장할 전망(展望)이다.

메타버스는 3가지 측면에서 혁명적인 변화라고 할 수 있다. 먼저 편의성, 상호작용 방식,
화면 또는 공간 확장성 측면에서 기존 PC, 모바일 기반의 인터넷 시대와 메타버스 시대는
차이가 존재한다. AR 글라스 등 기존 휴대에서 착용의 시대로 전환되면서 편의성이 증대하
였고, 상호작용은 음성, 동작, 시선 등 오감(五感)을 활용하는 것으로 발전하고 있다. 2D 웹
화면에서 화면의 제약이 사라진 3D 공간 웹으로 진화 중인 것이다. 두 번째는 기술적 측면
이다. 메타버스를 구현하는 핵심기술은 범용기술의 복합체인 확장현실이다. 메타버스는 다양한 범용기술이 복합 적용
되어 구현되며 이를 통해 현실과 가상의 경계가 소멸되고 있다. 세 번째는 경제적 측면이다. 메타버스 시대의 경제
패러다임으로 가상융합경제가 부상하고 있다. 메타버스ⓐ는 기술 진화의 개념을 넘어 사회경제 전반의 혁신적 변화를
초래하고 있다.

각주

◆ **메타버스와 가상융합경제**

글꼴 : 돋움, 18pt, 하양
음영색 : 파랑

A. 경제 패러다임으로 가상융합경제에 주목
    ⓐ 기술 진화의 개념을 넘어, 사회경제 전반의 혁신적 변화를 초래
    ⓑ 실감경제, 가상융합경제의 개념이 대두
B. 가상융합경제는 경험경제가 고도화된 개념
    ⓐ 경험 가치는 오프라인, 온라인, 가상융합 형태로 점차 고도화
    ⓑ 소비자들은 개인화된 경험에 대한 지불 의사가 높음

문단 번호 기능 사용
1수준 : 20pt, 오른쪽 정렬,
2수준 : 30pt, 오른쪽 정렬,
줄 간격 : 180%

표 전체글꼴 : 굴림, 10pt, 가운데 정렬
셀 배경(그러데이션) : 유형(가로),
시작색(하양), 끝색(노랑)

◆ **포스트 인터넷 혁명, 메타버스**

글꼴 : 돋움, 18pt,
밑줄, 강조점

구분	1990년대 이전	1990년대 – 2020년대	2020년대 이후
정의	네트워크에 접속하지 않은 세계	네트워크 장치의 상호작용 세계	가상과 실재가 공존하는 세계
주요 특징	대면 만남 중심, 높은 보안	편리성 증대, 시간과 비용 절감	경험 확장 및 현실감 극대화
경제	오프라인 경제	온라인 중심 확장 경제	가상과 현실의 결합
비고	오프라인에서 온라인 확장으로	온라인 확장에서 가상 융합 확장으로	

글꼴 : 궁서, 24pt, 진하게,
장평 95%, 오른쪽 정렬

소프트웨어정책연구소

각주 구분선 : 5cm

ⓐ 그리스어 메타(초월, 그 이상)와 유니버스(세상, 우주)의 합성어

쪽 번호 매기기
5로 시작 ▶ 마

제14회 정보기술자격(ITQ) 시험

과 목	코 드	문제유형	시험시간	수험번호	성 명
아래한글	1111	A	60분		

수험자 유의사항

◦ 수험자는 문제지를 받는 즉시 문제지와 **수험표상의 시험과목(프로그램)이 동일한지 반드시 확인**하여야 합니다.

◦ 파일명은 본인의 "수험번호−성명"으로 입력하여 답안폴더(내 PC₩문서₩ITQ)에 하나의 파일로 저장해야 하며, 답안문서 파일명이 "수험번호−성명"과 일치하지 않거나, 답안파일을 전송하지 않아 미제출로 처리될 경우 실격 처리합니다 (예 : 12345678−홍길동.hwp).

◦ 답안 작성을 마치면 파일을 저장하고, '답안 전송' 버튼을 선택하여 감독위원 PC로 답안을 전송하십시오. 수험생 정보와 저장한 파일명이 다를 경우 전송되지 않으므로 주의하시기 바랍니다.

◦ 답안 작성 중에도 **주기적으로 저장하고, '답안 전송'**하여야 문제 발생을 줄일 수 있습니다. 작업한 내용을 저장하지 않고 전송할 경우 이전에 저장된 내용이 전송되오니 이점 유의하시기 바랍니다.

◦ 답안문서는 지정된 경로 외의 다른 보조기억장치에 저장하는 경우, 지정된 시험 시간 외에 작성된 파일을 활용할 경우, 기타 통신수단(이메일, 메신저, 네트워크 등)을 이용하여 타인에게 전달 또는 외부 반출하는 경우는 부정 처리합니다.

◦ 시험 중 부주의 또는 고의로 시스템을 파손한 경우는 수험자가 변상해야 하며, 〈수험자 유의사항〉에 기재된 방법대로 이행하지 않아 생기는 불이익은 수험생 당사자의 책임임을 알려 드립니다.

◦ 문제의 조건은 한컴오피스 2020 버전으로 설정되어 있으니 유의하시기 바랍니다.

◦ 시험을 완료한 수험자는 답안파일이 전송되었는지 확인한 후 감독위원의 지시에 따라 문제지를 제출하고 퇴실합니다.

답안 작성요령

온라인 답안 작성 절차

수험자 등록 ⇒ 시험 시작 ⇒ 답안파일 저장 ⇒ 답안 전송 ⇒ 시험 종료

공통 부문

○ 글꼴에 대한 기본설정은 함초롬바탕, 10포인트, 검정, 줄간격 160%, 양쪽정렬로 합니다.

○ 색상은 조건의 색을 적용하고 색의 구분이 안 될 경우에는 RGB 값을 적용하십시오(빨강 255, 0, 0 / 파랑 0, 0, 255 / 노랑 255, 255, 0).

○ 각 문항에 주어진 ≪조건≫에 따라 작성하고 언급하지 않은 조건은 ≪출력형태≫와 같이 작성합니다.

○ 용지여백은 왼쪽 · 오른쪽 11mm, 위쪽 · 아래쪽 · 머리말 · 꼬리말 10mm, 제본 0mm로 합니다.

○ 그림 삽입 문제의 경우 「내 PC₩문서₩ITQ₩Picture」 폴더에서 지정된 파일을 선택하여 삽입하십시오.

○ 삽입한 그림은 반드시 문서에 포함하여 저장해야 합니다(미포함 시 감점 처리).

○ 각 항목은 지정된 페이지에 출력형태와 같이 정확히 작성하시기 바라며, 그렇지 않을 경우에 해당 항목은 0점 처리됩니다.

  ※ 페이지구분 : 1 페이지 − 기능평가 I (문제번호 표시 : 1. 2.).

    2페이지 − 기능평가 II (문제번호 표시 : 3. 4.).

    3페이지 − 문서작성 능력평가

기능평가

○ 문제와 ≪조건≫은 입력하지 않으며 문제번호와 답(≪출력형태≫)만 작성합니다.

○ 4번 문제는 묶기를 했을 경우 0점 처리됩니다.

문서작성 능력평가

○ A4 용지(210mm×297mm) 1매 크기, 세로 서식 문서로 작성합니다.

○ ⬭ 표시는 문서작성에 대한 지시사항이므로 작성하지 않습니다.

1. 다음의 ≪조건≫에 따라 스타일 기능을 적용하여 ≪출력형태≫와 같이 작성하시오. (50점)

≪조건≫
(1) 스타일 이름 – family
(2) 문단 모양 – 첫 줄 들여쓰기 : 10pt, 문단 아래 간격 : 10pt
(3) 글자 모양 – 글꼴 : 한글(궁서)/영문(돋움), 크기 : 10pt, 장평 : 105%, 자간 : −5%

≪출력형태≫

Korean Institute for Healthy Family (KIHF) aims to improve the quality of life for various types of families, including single-parent and multicultural families.

한국건강가정진흥원은건강한 가정과 가족 친화적 사회 분위기 조성에 기여하고, 국민들에게 보다 체계적인 가족 서비스를 제공할 수 있도록 그 역할에 충실하겠습니다.

2. 다음의 ≪조건≫에 따라 ≪출력형태≫와 같이 표와 차트를 작성하시오. (100점)

≪표 조건≫
(1) 표 전체(표, 캡션) – 굴림, 10pt
(2) 정렬 – 문자 : 가운데 정렬, 숫자 : 오른쪽 정렬
(3) 셀 배경(면 색) : 노랑
(4) 한글의 계산 기능을 이용하여 빈칸에 평균(소수점 두 자리)을 구하고, 캡션 기능 사용할 것
(5) 선 모양은 ≪출력형태≫와 같이 동일하게 처리할 것

≪출력형태≫

유아 종일제 돌봄 건강보험료 본인 부담금(단위 : 천 원)

구분	3인	4인	5인	6인	평균
직장	73	84	92	101	
지역	80	97	110	122	
혼합	73	84	95	102	
소득 기준	2,530	2,930	3,270	3,580	

≪차트 조건≫
(1) 차트 데이터는 표 내용에서 구분별 직장, 지역, 혼합의 값만 이용할 것
(2) 종류 – 〈묶은 세로 막대형〉으로 작업할 것
(3) 제목 – 돋움, 진하게, 12pt, 속성 – 채우기(하양), 테두리, 그림자(오른쪽)
(4) 제목 이외의 전체 글꼴 – 돋움, 보통, 10pt
(5) 축제목과 범례는 ≪출력형태≫와 같이 동일하게 처리할 것

≪출력형태≫

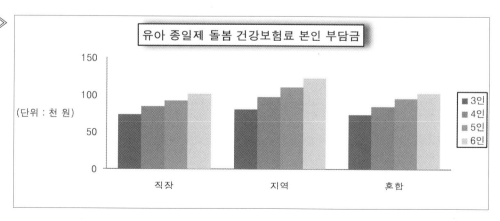

3. 다음 (1), (2)의 수식을 수식 편집기로 각각 입력하시오. (40점)

≪출력형태≫

(1) $Y = \sqrt{\dfrac{g\,L}{2\pi}} = \dfrac{g\,T}{2\pi}$

(2) $\dfrac{a^4}{T^2} - 1 = \dfrac{G}{4\pi^2}(M+m)$

4. 다음의 ≪조건≫에 따라 ≪출력형태≫와 같이 문서를 작성하시오. (110점)

≪조건≫ (1) 그리기 도구를 이용하여 작성하고, 모든 도형(글맵시, 지정된 그림)을 포함 ≪출력형태≫와 같이 작성하시오.

(2) 도형의 면 색은 지시사항이 없으면 색 없음을 제외하고 서로 다르게 임의로 지정하시오.

≪출력형태≫

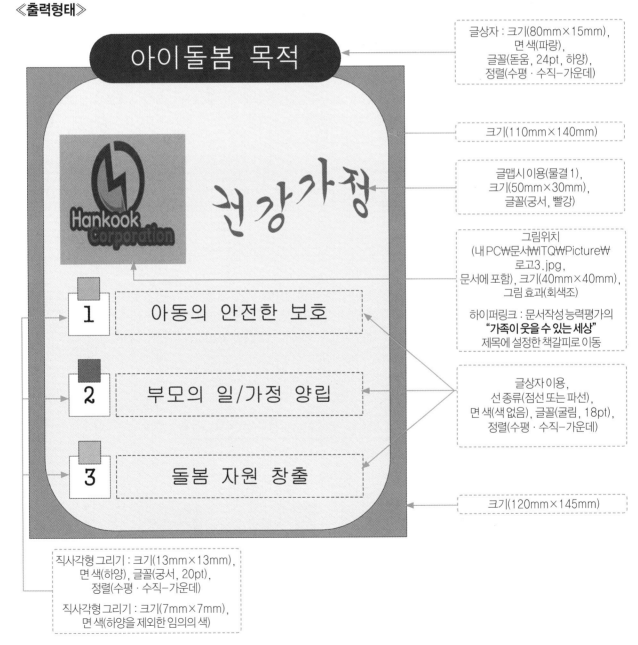

글꼴 : 굴림, 18pt, 진하게, 가운데정렬
책갈피이름 : 가족, 덧말넣기

머리말 기능
굴림, 10pt, 오른쪽 정렬　　→가족 사랑

문단 첫글자 장식 기능
글꼴 : 궁서, 면색 : 노랑

가족의 행복
가족이 웃을 수 있는 세상

그림위치(내PC₩문서₩ITQ₩Picture₩그림4.jpg, 문서에 포함)
자르기 기능 이용, 크기(40mm×40mm), 바깥 여백 왼쪽 : 2mm

아　이돌봄 지원사업은 부모의 맞벌이 등으로 양육 공백이 발생한 가정의 만 12세 이하의 아동을 대상으로 아이돌보미가 찾아가는 돌봄서비스를 제공(提供)하여 부모의 양육부담을 경감하고 시설보육의 사각지대를 보완하고자 하는 정부 정책 사업입니다. 한국건강가정진흥원에서는 아이돌봄 지원사업의 원활한 서비스 운영을 위해 아이돌봄서비스 개발, 조사, 담당자 교육, 광역거점기관 및 서비스제공기관 지원Ⓐ, 평가, 컨설팅 등을 운영하고 있습니다. 개별가정 특성 및 아동발달을 고려하여 아동의 집에서 돌봄서비스를 제공하며 야간, 주말 등 틈새 시간에 '일시돌봄', '영아종일돌봄' 등 수요자가 원하는 서비스를 확충(擴充)해 나가고 있습니다.

각주

아이돌봄서비스는 전 국민이 이용할 수 있는 전국 단위의 사업이지만 지역 또는 기관의 특성에 의해 동일한 서비스를 제공받지 못하는 상황이 발생할 수 있습니다. 따라서 한국건강가정진흥원에서는 각 기관 간의 사업운영 격차를 해소하고 담당자의 전문성을 강화하여 모든 수행기관에서 표준화된 품질의 서비스를 제공할 수 있도록 기관 및 광역거점 담당자를 대상으로 직무 교육을 실시하고 있습니다.

♥ **기업 방문형 가족친화 직장교육**

글꼴 : 돋움, 18pt, 하양
음영색 : 파랑

　i. 교육 기업에 맞춤화된 진행 방법
　　a. 전문 강사가 기업으로 직접 찾아가 진행하는 대면교육
　　b. 실시간 화상교육 시스템으로 진행하는 비대면 화상교육
　ii. 직원과 기업 모두에 도움을 줄 수 있는 교육 내용
　　a. 조화로운 삶을 향한 일, 가정, 생활의 균형
　　b. 출산, 양육친화적인 직장문화 조성을 위한 조직 차원의 전략

문단 번호 기능 사용
1수준 : 20pt, 오른쪽 정렬,
2수준 : 30pt, 오른쪽 정렬,
줄간격 : 180%

표 전체글꼴 : 굴림, 10pt, 가운데 정렬
셀 배경(그러데이션) : 유형(가로),
시작색(하양), 끝색(노랑)

♥ **가족친화 경영 컨설팅 운영 형태**

글꼴 : 돋움, 18pt,
밑줄, 강조점

유형	방법	컨설팅단 구성	신청 대상	비고
집단 컨설팅	그룹 워크숍	기업 4-5개를 1개 그룹으로 구성	제반 정보 희망 기업(관)	인증 전
자문 컨설팅	방문 컨설팅	기업 규모 및 컨설팅 내용에 따라 컨설턴트 1-2인 방문	제도 재검토 및 보완 필요 기업(관)	
		컨설턴트 1-2인 방문	가족친화 조직문화 조성 희망하는 인증 기업(관)	인증 후

글꼴 : 궁서, 24pt, 진하게,
장평 95%, 오른쪽 정렬　→ **한국건강가정진흥원**

각주 구분선 : 5cm

Ⓐ 서비스 제공기관의 서비스 질 향상 도모를 위해 사업현황 점검과 평가를 수행

쪽번호 매기기
5로 시작　→⑤

제15회 정보기술자격(ITQ) 시험

과 목	코 드	문제유형	시험시간	수험번호	성 명
아래한글	1111	B	60분		

수험자 유의사항

- 수험자는 문제지를 받는 즉시 문제지와 **수험표상의 시험과목(프로그램)이 동일한지 반드시 확인**하여야 합니다.
- 파일명은 본인의 "수험번호-성명"으로 입력하여 답안폴더(내 PC₩문서₩ITQ)에 하나의 파일로 저장해야 하며, 답안문서 파일명이 "수험번호-성명"과 일치하지 않거나, 답안파일을 전송하지 않아 미제출로 처리될 경우 실격 처리합니다 (예 : 12345678-홍길동.hwp).
- 답안 작성을 마치면 파일을 저장하고, '답안 전송' 버튼을 선택하여 감독위원 PC로 답안을 전송하십시오. 수험생 정보와 저장한 파일명이 다를 경우 전송되지 않으므로 주의하시기 바랍니다.
- 답안 작성 중에도 **주기적으로 저장하고, '답안 전송'**하여야 문제 발생을 줄일 수 있습니다. 작업한 내용을 저장하지 않고 전송할 경우 이전에 저장된 내용이 전송되오니 이점 유의하시기 바랍니다.
- 답안문서는 지정된 경로 외의 다른 보조기억장치에 저장하는 경우, 지정된 시험 시간 외에 작성된 파일을 활용할 경우, 기타 통신수단(이메일, 메신저, 네트워크 등)을 이용하여 타인에게 전달 또는 외부 반출하는 경우는 부정 처리합니다.
- 시험 중 부주의 또는 고의로 시스템을 파손한 경우는 수험자가 변상해야 하며, 〈수험자 유의사항〉에 기재된 방법대로 이행하지 않아 생기는 불이익은 수험생 당사자의 책임임을 알려 드립니다.
- 문제의 조건은 한컴오피스 2020 버전으로 설정되어 있으니 유의하시기 바랍니다.
- 시험을 완료한 수험자는 답안파일이 전송되었는지 확인한 후 감독위원의 지시에 따라 문제지를 제출하고 퇴실합니다.

답안 작성요령

온라인 답안 작성 절차

수험자 등록 ⇒ 시험 시작 ⇒ 답안파일 저장 ⇒ 답안 전송 ⇒ 시험 종료

공통 부문

- 글꼴에 대한 기본설정은 함초롬바탕, 10포인트, 검정, 줄간격 160%, 양쪽정렬로 합니다.
- 색상은 조건의 색을 적용하고 색의 구분이 안 될 경우에는 RGB 값을 적용하십시오(빨강 255, 0, 0 / 파랑 0, 0, 255 / 노랑 255, 255, 0).
- 각 문항에 주어진 《조건》에 따라 작성하고 언급하지 않은 조건은 《출력형태》와 같이 작성합니다.
- 용지여백은 왼쪽 · 오른쪽 11mm, 위쪽 · 아래쪽 · 머리말 · 꼬리말 10mm, 제본 0mm로 합니다.
- 그림 삽입 문제의 경우 「내 PC₩문서₩ITQ₩Picture」 폴더에서 지정된 파일을 선택하여 삽입하십시오.
- 삽입한 그림은 반드시 문서에 포함하여 저장해야 합니다(미포함 시 감점 처리).
- 각 항목은 지정된 페이지에 출력형태와 같이 정확히 작성하시기 바라며, 그렇지 않을 경우에 해당 항목은 0점 처리됩니다.
    - ※ 페이지구분 : 1 페이지 - 기능평가 I (문제번호 표시 : 1. 2.),
        - 2페이지 - 기능평가 II (문제번호 표시 : 3. 4.),
        - 3페이지 - 문서작성 능력평가

기능평가

- 문제와 《조건》은 입력하지 않으며 문제번호와 답(《출력형태》)만 작성합니다.
- 4번 문제는 묶기를 했을 경우 0점 처리됩니다.

문서작성 능력평가

- A4 용지(210mm×297mm) 1매 크기, 세로 서식 문서로 작성합니다.
- ◯◯◯ 표시는 문서작성에 대한 지시사항이므로 작성하지 않습니다.

The Insight KPC
kpc 한국생산성본부

1. 다음의 《조건》에 따라 스타일 기능을 적용하여 《출력형태》와 같이 작성하시오.   (50점)

《조건》
(1) 스타일 이름 - future
(2) 문단 모양 - 첫 줄 들여쓰기 : 10pt, 문단 아래 간격 : 10pt
(3) 글자 모양 - 글꼴 : 한글(궁서)/영문(굴림), 크기 : 10pt, 장평 : 105%, 자간 : -5%

《출력형태》

The purpose of this report is to analyze the major issues that our society faces in the present so that we can brace ourselves for the future by understanding the significance.

미래는 현재와 공유될 때 구체적인 현실로 창조되고 다음 세대에게 공유될 때 구현 가능한 현실로 다시 태어날 것이므로 마음이 미래에 닿아 있는 우리에게 흥미로운 자극제가 되길 바란다.

2. 다음의 《조건》에 따라 《출력형태》와 같이 표와 차트를 작성하시오.   (100점)

《표 조건》
(1) 표 전체(표, 캡션) - 굴림, 10pt
(2) 정렬 - 문자 : 가운데 정렬, 숫자 : 오른쪽 정렬
(3) 셀 배경(면 색) : 노랑
(4) 한글의 계산 기능을 이용하여 빈칸에 평균(소수점 두자리)을 구하고, 캡션 기능 사용할 것
(5) 선 모양은 《출력형태》와 동일하게 처리할 것

《출력형태》

세계 에너지 수요 전망(단위 : 백만 톤)

구분	2010년	2020년	2030년	2040년	평균
수력	321	394	471	542	
신재생	142	313	586	923	
원자력	642	855	1,052	1,211	
석유	4,194	4,491	4,692	4,764	

《차트 조건》
(1) 차트 데이터는 표 내용에서 연도별 수력, 신재생, 원자력의 값만 이용할 것
(2) 종류 - 〈묶은 가로 막대형〉으로 작업할 것
(3) 제목 - 돋움, 진하게, 12pt, 속성 - 채우기(하양), 테두리, 그림자(대각선 오른쪽 아래)
(4) 제목 이외의 전체 글꼴 - 돋움, 보통, 10pt
(5) 축제목과 범례는 《출력형태》와 동일하게 처리할 것

《출력형태》

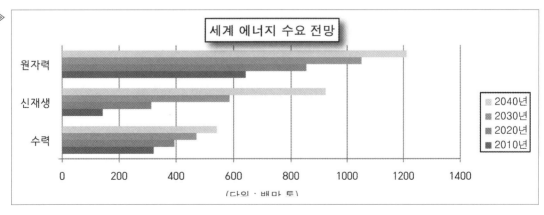

3. 다음 (1), (2)의 수식을 수식 편집기로 각각 입력하시오.   (40점)

≪출력형태≫

(1) $E = \sqrt{\dfrac{GM}{R}}, \dfrac{R^3}{T^2} = \dfrac{GM}{4\pi^2}$

(2) $\displaystyle\sum_{k=1}^{n} k^3 = \dfrac{n(n+1)}{2}$

4. 다음의 ≪조건≫에 따라 ≪출력형태≫와 같이 문서를 작성하시오.   (110점)

≪조건≫   ⑴ 그리기 도구를 이용하여 작성하고, 모든 도형(글맵시, 지정된 그림)을 포함 ≪출력형태≫와 같
이 작성하시오.
⑵ 도형의 면 색은 지시사항이 없으면 색 없음을 제외하고 서로 다르게 임의로 지정하시오.

≪출력형태≫

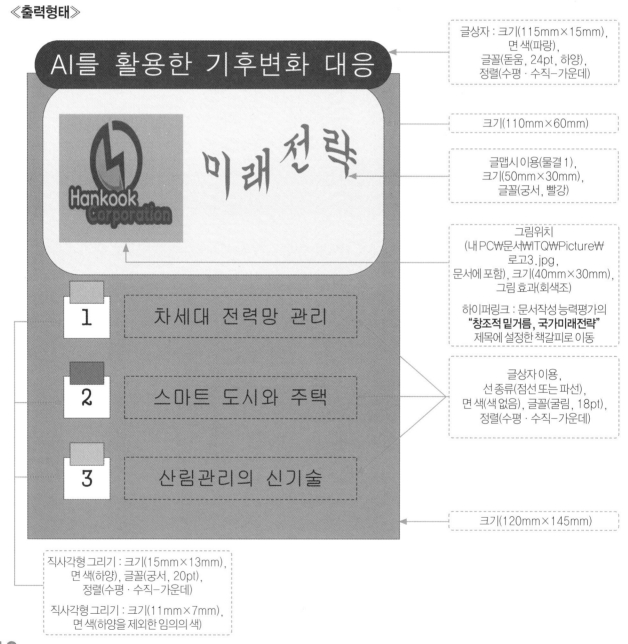

글상자 : 크기(115mm×15mm),
면 색(파랑),
글꼴(돋움, 24pt, 하양),
정렬(수평 · 수직–가운데)

크기(110mm×60mm)

글맵시 이용(물결 1),
크기(50mm×30mm),
글꼴(궁서, 빨강)

그림위치
(내 PC\문서\ITQ\Picture\
로고3.jpg,
문서에 포함), 크기(40mm×30mm),
그림 효과(회색조)

하이퍼링크 : 문서작성능력평가의
"창조적 밑거름, 국가미래전략"
제목에 설정한 책갈피로 이동

글상자 이용,
선 종류(점선 또는 파선),
면 색(색 없음), 글꼴(굴림, 18pt),
정렬(수평 · 수직–가운데)

크기(120mm×145mm)

직사각형 그리기 : 크기(15mm×13mm),
면 색(하양), 글꼴(궁서, 20pt),
정렬(수평 · 수직–가운데)

직사각형 그리기 : 크기(11mm×7mm),
면 색(하양을 제외한 임의의 색)

글꼴 : 돋움, 18pt, 진하게, 가운데 정렬
책갈피 이름 : 미래, 덧말 넣기

머리말 기능
굴림, 10pt, 오른쪽 정렬　→　미래전략보고서

위기 극복을 위한
창조적 밑거름, 국가미래전략

문단 첫글자 장식 기능
글꼴 : 궁서, 면색 : 노랑

그림위치(내 PC\문서\ITQ\Picture\그림4.jpg, 문서에 포함)
자르기 기능 이용, 크기(40mm×40mm), 바깥 여백 왼쪽 : 2mm

코로나19의 전 세계적 확산은 인간이 야생동물 서식지를 훼손(毀損)한 것이 하나의 원인이라는 지적이 나오고 있다. 이렇게 생태계의 파괴와 무분별한 사용에 따른 부작용은 부메랑이 되어 인간에게 되돌아오고 있다. 환경 생태의 중요성이 새삼 커지고 있는 가운데, 첨단기술이 환경 생태 분야에 적용될 경우 생물다양성, 기후변화, 생태계 서비스, 생태 복지 등에도 긍정적 영향을 끼칠 것이다. 환경의 변화가 기후변화를 가져오고, 다시 기후변화가 환경 변화를 일으키는 양방향의 상관관계에 대한 고찰을 통해 국토의 생태적 기능 증진, 생활환경 관련 이슈 해결 그리고 환경 변화에 대응한 회복력 확보 전략이 필요하다. 향후 대한민국 국민들이 경쟁주의와 경제성장 중심의 사고에서 벗어나 보다 물질적 풍요로움과 정신적 행복을 함께 추구하는 삶을 위해 노력해야 한다. 각주

　개인의 건강과 여가의 다양한 활용(活用)은 삶의 질을 중시하는 사회가 필수적으로 가져야 할 덕목이라는 점에는 이견이 없다. 환경과 에너지 측면에서 깨끗하고 청정한 사회, 범죄와 재난의 위험으로부터 안전한 사회가 삶의 질을 담보한다는 데도 이견은 없다. 그리고 이를 위한 미래전략ⓐ은 필수이다.

♣ ## 미래전략 및 중점 과제

글꼴 : 돋움, 18pt, 하양
음영색 : 파랑

I. 다양성 존중 및 지속 가능한 공존 사회 실현
　A. 개인화 및 가족 형태 다양화에 따른 존중 문화 형성
　B. 환경적 지속 가능성을 동반한 미래지향적 가치 추구
II. 미래사회 삶의 질 인프라 선진화
　A. 쾌적한 생활환경 인프라 조성
　B. 안전하고 편리한 사회 구축 및 인프라 확충

문단 번호 기능 사용
1수준 : 20pt, 오른쪽 정렬,
2수준 : 30pt, 오른쪽 정렬,
줄 간격 : 180%

♣ ## 과학기술 기반 가치 체계

글꼴 : 돋움, 18pt,
밑줄, 강조점

표 전체글꼴 : 굴림, 10pt, 가운데 정렬
셀 배경(그러데이션) : 유형(가로),
시작색(하양), 끝색(노랑)

정보통신 기술		생명공학 기술	
감성공학 로봇	웨어러블 디바이스	질병 예측 기술	인공장기
빅 데이터	스마트 카	줄기세포	유전자 치료
AI 공통플랫폼	교통예측, 가상비서	유전형질 변환	메모리 임플란트
소프트웨어 기술을 이용하여 정보를 수집, 생산, 가공, 보존, 활용하는 모든 방법		생물체의 기능을 이용하여 유용물질을 생산하는 등 인류 사회에 공헌하는 과학기술	

글꼴 : 궁서, 24pt, 진하게
장평 95%, 오른쪽 정렬

과학기술정보통신부

각주 구분선 : 5cm

ⓐ 양적 성장의 시대를 지나 삶의 질을 중시하는 라이프 스타일의 시대로 도약

쪽번호 매기기
5로 시작　→　E

OK Click 시리즈

No. 12

HTML 태그랑
친해지기

김혜성 지음 | 국배변형판 |
156쪽 | 8,000원 |

No. 14

한글포토샵 CS5
사진꾸미기

김혜성 외 지음 | 국배변형판 |
184쪽 | 9,000원 |

No. 16

한글 2010으로
문서 꾸미기

김혜영 지음 | 국배변형판 |
148쪽 | 8,000원 |

No. 17

엑셀 2010으로
숫자 계산하기

김혜영 지음 | 국배변형판 |
168쪽 | 8,000원 |

No. 18

파워포인트 2010으로
발표하기

김혜영 지음 | 국배변형판 |
168쪽 | 8,000원 |

No. 22

페이스북과 트위터로
소통하기

김혜성, 김영숙 지음 | 국배변형판 |
180쪽 | 8,000원 |

No. 23

SNS로 소통하기

안영희 지음 | 국배변형판 |
168쪽 | 8,000원 |

No. 25

엑셀 2013으로
숫자 계산하기

박병기 지음 | 국배변형판 |
172쪽 | 8,000원 |

No. 26

파워포인트 2013으로
발표하기

박병기 지음 | 국배변형판 |
172쪽 | 8,000원 |

얇지만 알찬 내용으로 구성한 교재로, 초급자를 위해 어려운 기능과 고난이도 문제를 배제
OA, 그래픽은 물론 SNS, 블로그, 동영상, 유튜브에 이르기까지 가장 트렌디한 교학사 IT 시리즈!
(대상 : 초급자, 각종 교육기관 수강생 등)

No. 27

한글 2014로
문서꾸미기

김수진 지음 | 국배변형판 |
184쪽 | 8,000원 |

No. 32

엑셀 2016으로
숫자 계산하기

장미희 지음 | 국배변형판 |
180쪽 | 9,000원 |

No. 33

파워포인트 2016으로
발표하기

장미희 지음 | 국배변형판 |
180쪽 | 9,000원 |

No. 34

한글 포토샵 CC
사진꾸미기

김수진 지음 | 국배변형판 |
180쪽 | 9,000원 |

No. 35

한글 2018로
문서 꾸미기

장미희 지음 | 국배변형판 |
176쪽 | 9,000원 |

No. 36

한글 2020으로
문서 꾸미기

이승하 지음 | 국배변형판 |
172쪽 | 9,000원 |

No. 37

내 동영상으로
유튜버되기

장미희 지음 | 국배변형판 |
188쪽 | 9,000원 |

No. 38

블로그랑 친해지기
(개정판)

IT도서 개발팀 지음 | 국배변형판 |
180쪽 | 8,000원 |

No. 39

나만의 동영상
제작하기

장미희 지음 | 국배변형판 |
188쪽 | 9,000원 |

ITQ HANGUL 2020

2022년 9월 10일 초판 1쇄 인쇄
2022년 9월 20일 초판 1쇄 발행

펴낸곳 ㅣ (주) 교학사

펴낸이 ㅣ 양진오

저자 ㅣ 이승하

기획 ㅣ 교학사 정보산업부

진행 · 디자인 ㅣ 이승하

주소 ㅣ (공장)서울특별시 금천구 가산디지털1로 42 (가산동)

　　　　(사무소)서울특별시 마포구 마포대로14길 4 (공덕동)

전화 ㅣ 02-707-5310(편집), 707-5147(영업)

등록 ㅣ 1962년 6월 26일 〈18-7〉

교학사 홈페이지 http://www.kyohak.co.kr